创新2050：科学技术与中国的未来

U0668090

中国至2050年水资源领域科技发展路线图

中国科学院水资源领域战略研究组

科 学 出 版 社

北 京

内 容 简 介

本报告系统地分析了中国水问题的基本特征、影响因素和变化趋势,综述了国内外水资源领域科技发展的现状及差距,指出了当前存在的一些共性的科学难题和技术瓶颈,并重点介绍了国际上水资源领域科技发展路线图的案例以及中国近期的涉水科技发展规划。在此基础上,区分近期(至2020年前后)、中期(至2030年前后)和长期(至2050年前后)三个时段,并按照水资源、水环境、水生态、水灾害和水管理五个方面以及国家需求→发展目标→科技问题→关键技术的基本框架,研究了中国至2050年水资源领域科技发展的路线图,重点绘制了基于发展目标、科技问题和关键技术三个层面的科技发展路线图,并从基础性研究、前瞻性技术研发、流域研究与管理和中国区域水资源问题对策四个方面提出了当前及未来时期中国应该重视和加强研究的若干重大科技问题。

本报告对于各级科技部门、水利部门、环境部门、国土部门、农业部门等的决策者,以及相关的科研院所、大专院校、社会公众等具有较高的参考价值和研究价值。

图书在版编目(CIP)数据

中国至2050年水资源领域科技发展路线图/中国科学院水资源领域战略研究组编著.
—北京:科学出版社,2009
(创新2050:科学技术与中国的未来)
ISBN 978-7-03-025726-0

I. 中⋯ II. 中⋯ III. 水资源管理–技术发展–发展战略–研究报告–中国
IV. TV213.4

中国版本图书馆CIP数据核字(2009)第175942号

责任编辑:李 敏 王 倩/责任校对:宋玲玲
责任印制:钱玉芬/封面设计:黄华斌

科学出版社 出版
北京东黄城根北街16号
邮政编码:100717
http://www.sciencep.com
中国科学院印刷厂印刷
科学出版社发行 各地新华书店经销

*

2009年10月第 一 版 开本:889×1194 1/16
2009年10月第一次印刷 印张:12 1/4
印数:1—6500 字数:260000

定价:80.00元

(如有印装质量问题,我社负责调换〈科印〉)

"创新2050：科学技术与中国的未来" 战略研究组织

总负责

路甬祥

战略总体组

路甬祥　白春礼　施尔畏　方　新　李志刚　曹效业　潘教峰

水资源领域战略研究组

组　长	刘昌明	中国科学院地理科学与资源研究所
副组长	王　毅	中国科学院科技政策与管理科学研究所
	邵明安	中国科学院水利部水土保持研究所
成　员	侯西勇	中国科学院烟台海岸带可持续发展研究所
	袁志彬	中国科学院科技政策与管理科学研究所
	王金霞	中国科学院地理科学与资源研究所
	李国敏	中国科学院地质与地球物理研究所
	宋献方	中国科学院地理科学与资源研究所
	刘文兆	中国科学院水利部水土保持研究所
	王　铮	中国科学院科技政策与管理科学研究所
	黄河清	中国科学院地理科学与资源研究所
	杨永辉	中国科学院遗传与发育生物学研究所
	张　薇	中国科学院国家科学图书馆
	陈　曦	中国科学院新疆生态与地理研究所
	陈亚宁	中国科学院新疆生态与地理研究所
	夏　军	中国科学院地理科学与资源研究所
	丁永建	中国科学院寒区旱区环境与工程研究所
	杨桂山	中国科学院南京地理与湖泊研究所
	曲久辉	中国科学院生态环境研究中心
	黄明斌	中国科学院水利部水土保持研究所
	张捷斌	中国科学院新疆生态与地理研究所
	胡春胜	中国科学院遗传与发育生物学研究所

总　　序*

中国的现代化是人类现代化进程中的大事件、大变革。中国科学院决定面向中国现代化进程开展重要领域科技发展路线图研究，这项工作的思路和起因究竟是怎样的？是不是有道理？是不是应该做？我觉得这是很基本、很重要的。

一、开展中国至2050年重要领域科技发展路线图研究的重要性

温家宝总理亲自担任组长，全国两千多位专家直接参加，经过两年多的工作，制定了到2020年的国家中长期科技发展规划纲要。所以，到2020年以前中国科技发展已经有了蓝图。那么，为什么还提出研究我国至2050年重要领域科技发展路线图这样一个问题呢？

2007年夏季，在研究中国科学院未来科技发展战略重点时，我们感到有一些问题必须要从更长远考虑，比如能源问题。能源问题过去也有15年的战略研究，但是主要还是研究如何利用好煤，怎样开发利用好国内外两种油气资源，怎样能够有限地发展核能，对可再生能源只是作为一种补充性的、方向性的能源，并没有将其摆到未来能源支柱的位置上。近年来，世界各国越来越关注温室气体排放问题，应对全球气候变化成为重要议题，这背后其实主要还是能源结构问题。这就使我们认识到，必须高效清洁利用化石能源，以减少对环境的影响，但是，化石能源

---

* 该总序为路甬祥院长在2007年10月中国科学院组织的"中国至2050年重要领域科技发展路线图"第一次交流研讨会上的讲话。文字略有删减。

时代终究要过去,悲观估计有100年左右,乐观估计还有200年左右。油气资源可能首先逐步走向枯竭,然后是煤资源。人类不得不走向以可再生能源为主体、核能为补充的能源体系。现在各国政府都在积极准备,欧洲走得最快,美国现在态度也有变化,就是在利用好化石能源的同时,加大对可再生能源的开发力度,加大对先进核能的研究开发力度,逐步向可再生能源方向过渡。这个时间跨度可能50年,也可能100年。由此带来的科学技术问题非常多,譬如在基础研究领域,物理学家、化学家、生命科学家要研究新一代的光电池、染料敏化电池、高效的光化学催化和储存、高效的光合作用物种,或者通过基因工程创造高效的光合作用物种,而且这种生物物种又不与粮油争土地争水分,能够利用坡地、盐碱地或者半干旱土地等生产人类所需要的能源。同时,未来能源的整体结构要发生改变,现在能源是比较稳定的系统,以后可能是大量的不稳定系统,可能要发展分布式能源体系,发展更高效的直流传输和储能技术,解决网络的控制、安全、可靠性问题,还要解决二氧化碳捕捉、储存、转化、利用方面的问题,这里面隐含着大量的科技问题,几乎涉及所有学科。所以,能源问题引起的从基础到应用方面的研究,整体的、结构性的变化和冲击恐怕是很普遍、很大的,而这个时间跨度是50年或者100年。以核能为例,从布局到重大技术突破往往需要20年乃至更长时间,而商业化大规模应用也大致需要20年乃至更长时间。如果我们现在不前瞻布局,未来就会落后。法国已经做到第三代、第四代裂变能核反应堆,制定了到2040年、2050年的路线图。我们还没有认真做。为国家利益着想,中国科学院应该考虑这些问题,应该做前瞻的研究工作。

这次战略研究中涉及的十几个领域,只考虑近期或者中近期是不够的。比如农业,在过去,我们考虑要增产,后来讲优质,主要还是讲粮食和农副产品;在未来,肯定要走生态高值农业之路,需要多样化技术才能满足。日本、丹麦等发达国家开始用畜牧业来做生物反应器和农药,日本开始用植物来做生物反应器,它比用动物来做更安全、成本更低。用无菌暖房种番茄、草莓、马铃薯等典型物种，通过转基因技术来生产高附加值产品。中国农业不仅要解决十几亿人口的粮食问题，也要考虑农副产品的增值问题，考虑农业的高技术发展问题。未来的农业还要生产一部分能源和工业所需要的原料，未来人类生存发展所需要的大量的材料可能从农业来。这些前瞻性的问题，现在一些发达国家已经在做，而我们过去考虑得不够。

还有人口问题。当年中国人口政策的失误要纠正过来，要到21世纪末才有可能回归到10亿左右人口，其带来的老龄化问题则很可能到22世纪才能得到化解。现在人口健康也面临许多新的挑战，我们是否现在就要研究未来50年应该采取的一些对策，13亿或15亿人口怎么能够享受到公平的、基本的公共卫生和医疗保障？必须发展先进的能够普及的健康科学和诊断治疗保健技术。随着社会进步和环境改善，发达国家的主要疾病从感染性疾病逐步转变为变异性疾病、代谢性疾病，研究重点也随之发生转变。很多问题世界上也没有解决，要从基础研究做起。

空天海洋是未来人类新拓展的发展空间和重要资源。在空天领域大家比较关注的有载人航天计划、嫦娥计划，可以做20年或25年。中国的空间技术究竟要走什么道路、什么目标？是不是走发达国家走过的老路？值得我们认真研究。现在空间运载工具的主流技术基本是化学燃料发动机推力火箭，以后的深空探测，是否还依靠化学燃料发动机？还是要发展新的等离子推进、核能推进、太阳风动力推进技术等？过去，这些问题只有少数科学家在想，我们在整体上没有战略性的前瞻研究和部署。海洋有丰富的矿产资源、油气、天然气水合物，还有大量的生物资源、能源，包括无光照条件下生物进化过程，都值得我们去探索。最近有许多国家出台了新的海洋战略规划，俄罗斯、加拿大、美国、瑞典、挪威都已加入争夺北极的行列。这方面我们有一点规划，但是很有限。

在国家与公共安全领域,安全的概念也在发展,包括传统安全与非传统安全,传统安全主要是外族入侵、战争威胁,现在的安全问题有自然原因的、人为原因的、外部的、内部的,还有生态的、环境的,网络发展以后,虚拟的安全问题也出现了。要从人类文明历史的长河角度观察分析矛盾的起因,从科技进步的角度提供解决问题的手段和方法,注重消除危及安全的根源,要在解决矛盾的同时更加珍惜生命。

总之,从面向未来中国的发展、面向未来人类的发展看,都需要我们开展前瞻的战略研究。过去250年工业化的发展,只解决了不到10亿人口的现代化问题,主要集中在欧洲、北美、日本和新加坡。今后50年,可以肯定的是,包括中国十几亿人口在内,至少有20亿、很可能有30亿人口,通过实现小康走向现代化,比过去250年要多2至3倍,这将为世界发展注入新的动力和活力,但也必然对地球的有限资源和生态环境带来新的挑战。需要找到新的发展模式,才能使生活在地球上的人类能够公平地分享现代文明的成果。这就要求我们要面向中国现代化建设进程,前瞻思考世界科技发展大势、前瞻思考人类文明进步的走向、前瞻思考现代化建设对科技的新要求,研究制定未来50年重要领域科技发展路线图,理清其中的核心科学问题和关键技术问题及其实现途径,为国家科技战略决策提供依据。

二、制定中国至2050年重要领域科技发展路线图的可能性

过去有一种观点认为,科学很难预见,它是随机发生的,主要依靠科学家的创造性思维;技术可以预见,但是有人说最多可以预见15年。我们做了一些思考,看来适当地前瞻领域方向还是可能的。比如,需求推动下的能源问题。随着化石能源的枯竭,更多的聪明人就想,要解决高效的太阳能薄膜材料和器件,要筛选或发展新的物种,把太阳能转化为高生物量。因为需求的推动,有更多的资源投入到这些方向,所以可以预见,在未来的50

年,可再生能源领域、核能领域一定会有新的突破性进展,大方向也是确定无疑的。比如,在太阳能方面,就是提高光电转化效率、光热转化效率。但具体技术路径可能有多种,如可能通过改变太阳能电池表面的形貌,经过反射能够更高效地全光谱吸收;可能把功能性薄膜建成多层,有透射有吸收;还有可能采用纳米技术、量子调控等。过去我们考虑量子调控,主要是要解决以后的信息功能材料,这是不够的,是否要有相当一部分量子调控的研究转移到能源问题上来,或者以能源为背景开展基础前沿的探索。

在计算机领域,我们过去的习惯是跟踪,现在我们要有信心前瞻,考虑未来的发展。这是可能的,并不是胡思乱想。要组织信息科技专家与物质科学和生命科学专家共同思考,进行前瞻性的探索。2007年诺贝尔物理学奖授予巨磁阻的发现者,现在这项技术已经用在硬盘存储上了,而这一发现是在20年前做出的。我们的初步结论是,做长周期的前瞻,做突破常规的科学思考和技术预见是可能的,通过战略研究,在长远目标指导下制定路线图也是可行的,比如说,到2020年为一个阶段,到2030年或2035年为一个阶段,然后再前瞻到2050年。

我们还可以分析其他领域,都能找到可能性。最重要的是要解放思想,当然也要尊重客观规律,不能胡思乱想。党的十一届三中全会确定了解放思想、实事求是的思想路线,中国才有今天的发展。我们就是要打破条条框框的束缚,根据中国的实际来探索发展的道路。科技发展的历史也无数次证明,只有不断地前瞻,不断地解放思想,打破已有常规,才有可能促进新的发现和新的突破。确定方向和领域,加大在这方面的支持强度,吸引更多的优秀科学家投入相关研究,这与需求牵引和自由探索并不矛盾。

三、中国科学院开展中国至2050年重要领域科技发展路线图研究的必要性

为什么我们要发起这项研究？中国科学院是国家科研机构，要作基础性、前瞻性、战略性贡献，要发挥骨干和引领作用，不往前思考怎么引领？从中国科学院自身发展来看，也很有必要，要以发展的眼光，站在世界科技发展的前沿，来思考知识创新工程三期以后做什么，是按着惯性走？还是想着国家民族的未来，在各领域提出我们的见解，逐步调整我们的结构，改革体制，把中国科学院创新能力提到一个新的发展阶段，把我们的科学使命、技术使命提到新的高度？显然，后者是积极的、有希望的、必须的。世界科技发展日新月异，在全球经济发展的态势下，如果不发展就会落后，如果不前瞻就会失去先机。我们做科技创新，必须不断地团结奋斗，打破陈规，不受干扰，不僵化，不停滞，这也是我们自身发展的需要。

这次路线图研究要站在国家和全局的角度，使这些战略研究报告成为国家更长远的发展规划的重要内涵，所提出的目标不一定是中国科学院都可以做的，我们不能包打天下。我们可以选择一些有能力做的进行前瞻布局，到时候就很自然地形成2010年以后中国科学院各个领域的发展目标和发展重点，很自然地形成我们改革调整的方向。

如果把长远目标和路线图搞清楚了，实现它还是要有体制机制、人才队伍、资源来源与配置等的保证。我们还要研究未来30～50年世界的创新体系和机制究竟会发生什么变化？是不是还是由大学、研究机构、企业组成？研究所会不会发展成为网格式的结构？基础与高技术融合的前沿研究、前沿研究与产业化迅速过渡与衔接的转化型研究，会不会在某些领域发展成为主流？未来创新体系的人才构成与人才激励机制、更新机制有什么新的发展变化？创新资源的投入来源与结构会有什么变化？如果我们把这些问题搞得比较清楚、比较前瞻，而且大胆地在某

些研究所进行试点，就可能走出一条有竞争力的、有更好发展态势的路子来。

社会的变革是无止境的，科技各领域也有无止境的前沿，创新体制与管理也要不断发展。中国科学院不能停止，必须要前进，科学技术要前瞻，组织结构、人才队伍、管理模式、资源结构也要前瞻，这样我们才能始终站在时代的前沿，不断发挥在国家创新体系中的骨干和引领作用，有些领域在国际上起引领作用也不是不可以设想的。这是我们这次组织科技路线图战略研究基本的出发点。

总 前 言

中国科学院是国家科学思想库,为国家科技战略决策提供科学依据、引领中国科学技术的发展,是我们的重要责任。

2007年7月,路甬祥院长提出:"看来在创新为科学发展观落实这一大题目之下,还要深入进行战略研究,刻画出未来20~30年的路线图(Roadmap)和关键科技创新领域来。并组织院内外专家深入讨论,进一步凝聚创新方向和目标。我们再也不能只讲自由探索,只讲论文数量和质量,只满足于'PI制'模式了。必须根据国家社会未来发展需求,尤其是经济持续增长和竞争力提升,社会持续和谐发展,生态环境持续进化和人类社会相协调的重点目标出发进行研究和归纳。"

2007年7月,中国科学院院务会议决定,根据国家社会未来发展需求,从经济持续增长和竞争力提升、社会持续和谐发展、生态环境持续进化与人类社会相协调等三大目标出发,开展面向未来的科技发展路线图战略研究。

2007年8月,路甬祥院长进一步提出:"战略研究看来还是要前瞻研究2050年世界、中国、科技。一是研究2050年的世界,分别从经济、社会、国家安全、生态与环境、科学技术进行前瞻,尤其要研究能源、资源、人口、健康、信息、安全、生态与环境、空间、海洋等,预测未来,了解面临的机会和挑战。二是研究未来2050年我国经济社会发展的前景和挑战,包括:经济结构、社会发展、能源结构、人口健康、生态与环境、国家安全、创新能力等应达到的目标和实现途径,科学技术需要给予的支持。三是研究科学发展对科学技术的指导作用,包括以人为本、科学与技术、科技与经济、科技与社会、科技与生态环境、科技与文化、自主创新与开放合作等。四是研究科技对科学发展的支撑作用，包括支撑经济结构优化和增长方式的转变，农业发展、能源结构、资源节约、循环经济、知识社会，人与自然的和谐协调，区域发展的协调，和谐社会和国家安全，国际交流与合作。在此基础上再进一步明确我院的定位和职责。"

其后，中国科学院启动并组织开展了中国至2050年重要领域科技发展路线图战略研究，分18个领域进行，包括：能源、水资源、矿产资源、海洋、油气资源、人口健康、农业、生态与环境、生物质资源、区域发展、空间、信息、先进制造、先进材料、纳米、大科学装置、重大交叉前沿、国家与公共安全。该项研究集中了中国科学院300多位高水平科技、管理和情报专家，其中包括近60名院士，涉及80多个研究所。

经过历时一年多的深入研究，各领域研究组取得了实质性重大进展，基本理清了至2050年中国现代化建设对重要科技领域的战略需求，提出了若干核心科学问题与关键技术问题，从中国国情出发设计了相应的科技发展路线图，形成了18个领域中国至2050年科技发展路线图的战略研究报告。在此基础上，路甬祥院长领导战略总体组和起草组完成了《迎接新科技革命挑战，支持科学与持续发展》的战略研究总报告。这些研究报告将以"《创新2050：科学技术与中国的未来》中国科学院战略研究系列报告"的形式陆续出版。

这次战略研究的鲜明特色是采用了科技路线图的方法。科技路线图研究有别于一般的规划和技术预见，它包含了满足未来发展需求的科学和技术，以及实现这些目标所选择的路径，描绘环境变化、研究需求、科技发展方向、创新轨迹、技术演进等。以路线图为基础的科技规划，科技目标更加清晰，与市场的结合更加紧密，选择的方向、项目间更有内在联系和更加系统，实现目标的途径更加明确，规划的操作性更强。我们借鉴国际上制

中国至2050年水资源领域科技发展路线图

定路线图的方法,吸纳我国进行科技战略规划的成功经验,在研究实践中形成了制定重要领域科技路线图的系统方法。

一是建立重要领域科技发展路线图战略研究的组织体系。成立战略总体组,路甬祥院长总负责,白春礼、施尔畏、方新、李志刚、曹效业、潘教峰参加。成立总报告起草组,负责总报告的研究与撰写。规划战略局作为主管部门,具体负责路线图研究的组织与协调,通过组织研究队伍、明确节点目标、提出任务要求、提供研究方法、组织集中研讨、进行独立评议、参与研究工作等方式,保证了重要领域科技发展路线图战略研究工作的顺利开展。

二是明确重要领域科技发展路线图的基本要求。集中从国家层面考虑问题,分近期(2020年前后)、中期(2030年前后或2035年前后)、长期(2050年前后)三个阶段,描绘相关领域的需求、目标、任务、途径,重点刻画核心科学问题和关键技术问题,总体上体现方向性、战略性、一定的可操作性。提出路线图研究的基本框架。

三是组织好重要领域科技发展路线图战略研究队伍。建立集战略科技专家、一线中青年专家、情报专家和管理专家为一体的专题研究组持续开展研究。选择具有战略眼光、强烈的责任心和组织协调能力的战略科学家作为研究组负责人,把握好研究的整体和方向。在主要方向上,选择一线高水平科技专家作为骨干,使战略研究工作建构在最前沿研究基础之上。各研究组均配备文献情报专家,采用数据挖掘与分析等战略情报工具,提高研究效率和系统性。参加研究的科技管理专家着重开展国家战略需求和可操作性研究。

四是建立多层次、经常化交流研讨机制。将交流研讨作为确定研究节点和推动研究工作的抓手。组织开展了五个层次的交流研讨,包括:第一,集中交流研讨。2007年10月、12月和2008年6月组织了三次交流汇报会,18个领域研究组负责人和主要科技专家、中国科学院相关院局领导参加,相互交流、相互促进、寻求共识,进一步明确研究方向。路甬祥院长在三次研讨会上,系统阐释了路线图研究的重要性、必要性和可能性等,并对各研究组的研究工作进行点评,有力地促进了研究工作的深入开展。第二,专题研讨。战略总体组组织相关研究组的战略科技专家,围绕我国八大经济社会基础和战略体系的构建进行专题研讨,着重刻画了至2050年依靠科技支撑我国现代化进程的宏观图景、八大体系的特征与目标,提炼出影响我国现代化进程的22个战略性科技问题。第三,研究组层面的交流研讨。各领域研究组根据具体领域内容又分成若干研究小组,通过集中研讨、分小组研究、综合集成等形式,组织本组专家深入研究。一些研究组在集中研讨时还根据研究主题,吸收相关领域的专家参加研讨。初步统计,研究组层面的集中交流研讨约70次。第四,相关研究组之间交流研讨。采取相关研究组自发组织和规划战略局协调组织等方式,组织跨领域、跨研究组的交叉研讨,使相关领域的研究相互协调。第五,一些研究组以召开领域发展战略研讨会等方式,吸纳国内外专家的意见。

五是建立重要领域科技发展路线图评议机制。为保证各领域战略研究报告的质量,加强相关领域的协调,2008年11月,规划战略局组织了重要科技领域发展路线图战略研究评议工作,近30位评议专家和50位研究组专家参加研讨。评议分资源环境、战略高技术、生物科技和基础研究等4个大组进行,评议专家听取了相关研究组的报告,对报告的总体情况、创新点、存在的问题进行了评议,并提出了许多建设性意见和建议。评议结果形成书面评议意见,反馈给相关研究组修改。

六是建立重要领域科技发展路线图持续研究的机制。从路线图研究的特点看,为适应世界科技和国家需求的迅速变化,需要持续研究,3~5年修订一次。为此,需要从组织和队伍上保持一批战略科技专家持续关注和研究国家长远发展的重点科技领域和重大科技问题；同时，在持续战略研究中，培养和造就更多的战略科技专家。

这套系列报告是中国科学院立足当前、展望未来、凝聚专家智慧的报告，体现了一丝不苟、严谨求实的治学作风。在此，向参与研究和咨询评议的专家表示衷心的感谢。正是他们的辛勤劳动和共同努力，才使得这套系列报告在一年多的时间内就得以公开出版、与社会见面。

准确预见未来发展是一件令人激动而又相当困难的事情。这次战略研究涉及领域众多、时间跨度大、研究方法新，加之认识和判断本身上的局限性，系列报告还存在不足之处，欢迎国内外各方面专家、学者不吝赐教。需要说明的是，报告中提到的未来50年是指到21世纪中叶。

系列报告的出版，不是研究的终点，而是新的起点，我们将在此基础上持续深入开展重要领域科技发展路线图战略研究，并适时发布研究成果，每5年修订一次相关领域科技发展路线图，为国家宏观科技决策提供科学建议，为科技管理部门、科研机构、企业和大学等进行科技战略选择提供参考，使社会和公众更好地了解科技对我国现代化建设至关重要的作用。

总报告起草组

2009年2月

前　　言

　　水资源是基础性的自然资源和战略性的经济资源,是生态与环境系统中性质最活跃、影响最广泛的要素之一,而干旱、洪涝则是最为常见的水灾害。特别是随着全球经济社会的持续快速发展,水资源越来越成为与土地和能源同样重要的影响经济发展的战略资源。水资源问题涉及国家安全的多个方面,包括人民的健康与生命及经济社会的可持续发展。

　　根据1977年联合国水资源管理马德普拉塔(Mar del Plata)会议文件所提供的数据,全球水资源总量为13.86亿km³,其中淡水资源总量仅占水资源总量的2.5%,便于利用的淡水资源则只占水资源总量的0.8%左右,而全球淡水又主要以固态形式储存在地球两极冰盖之中,占全球淡水总量68%以上,其余以液态的形式存在于河流、湖泊、沼泽和地下600m以内的含水层中。全球的河流年径流总量不过4万km³,仅仅占全球淡水总量1%左右。全球平均降水的周期大约为10天,陆地上的降水不断提供水资源的可更新水源,为人类所利用的一种可再生资源。但是,全球降水空间分布极不均匀,而且其中60%左右又通过蒸发过程返回到大气中。水资源在区域可持续性发展中的地位和作用已经越来越突出,尤其在缺水区域,其制约作用也越来越显著。在全球变暖趋势下,未来水资源的供应安全具有越来越大的不确定性。

　　瑞典斯德哥尔摩国际水研究所的Malin Falkenmark曾研究指出,到2025年,非洲和亚洲至少有30亿人口不得不面对严重的水短缺问题,同时,世界上超过50%的人口也将会因为水资源短缺问题而难以实现粮食自给。越来越多的学者认识到水循环形成了生物圈的"血液系统",它是全球地表生命支持系统的重要物质基础。相应的,世界各国对水资源可持续利用和管理的重视程度也越来越强烈,近年来,不少的国家和地区,如美国、澳大利亚等,相继制定了与水资源相关的发展路线图,目的在于放眼未来,为实现水资源的永续利用而未雨绸缪。

中国是水资源大国,但由于人口众多而人均占有水量很低、水资源时空分布不均和经济社会发展,造成一系列水问题,包括水资源短缺、水资源浪费、水环境污染等,导致一些地区水资源供需矛盾十分突出,与水有关的生态系统严重退化。改革开放以来,受到工业化和城市化的双重驱动,经济社会发展十分迅速,对水资源的需求日渐增强,对水循环过程以及水环境和水生态的影响也越来越强烈。目前,水资源短缺、水环境恶化、水生态失衡、水灾害加剧、水管理薄弱等问题已经对中国经济社会可持续发展构成了严重的威胁,而且,在全球环境变化和经济社会迅速发展的宏观背景下,这些问题将长期存在,其发生和发展的不确定性也将愈来愈突出,对生态与环境和经济社会可持续发展的不利影响也将愈来愈强烈。因此,在当前以及今后相当长的时期内,水资源成为制约经济社会发展的关键因素。

伴随中国的现代化进程,到2050年,如何通过科技进步、产业结构调整、增长方式转变以及政策调控等手段,优先解决城乡水污染加剧的困扰,提高农业灌溉用水和工业用水利用效率,保证饮用水安全和正确引导城乡生活用水需求,建立水资源综合管理和流域综合管理体系,应对全球环境变化背景下各种水问题所造成的压力、挑战和威胁,是中国迫切需要重视和加强的重大科学与技术问题。

在这种背景下,适应国家现实需求,高瞻远瞩地提出并开展水资源领域科技发展路线图研究,在深入分析中国当前正在面临以及未来时期将要面临的各种水资源领域问题的基础上,有针对性地提出不同时段需要优先解决的科技问题,绘制未来时期中国水资源领域科技发展的路线图,引领和促进中国水资源领域科技发展中的原始创新、集成创新与消化吸收再创新,促进相关技术的推广和应用,并全面提升中国水资源保护、安全供应与综合利用水平,是当前中国水资源及相关领域研究机构及科学家的重要使命。

2007年10月以来,根据全国人大常委会副委员长、中国科学院院长路甬祥的批示和中国科学院党组的统一安排,中国科学院规划战略局部署了18个重要科技领域至2050年发展路线图战略研究,目的是更前瞻地为国家未来科技发展和战略决策提供科学依据,并为制定中国科学院"十二五"乃至更长时期的发展战略和规划做准备,"中国至2050年水资源领域科技发展路线图"即为其中之一。

"中国至2050年水资源领域科技发展路线图"于2007年10月形成项目建议书,确定了由中国科学院11个研究所的22位专家组成项目组,并启动了项目研究。为了保证和突出研究的系统性和整体性,本项目中所提出的"水资源"指的是广义的"水资源",所针对的"水资源领域科技"涉及水资源、水环境、水生态、水灾害和水管理五个相关方面。按照中国科学院对路线图研究所设定的时限,将研究划分为三个时段,分别是近期(至2020年前后)、中期(至2030年前后)和长期(至2050年前后)。

自项目组成立并正式启动项目研究以来,所开展的主要工作如下:

1) 2007年12月,项目组参加了中国科学院规划战略局和中国科学院战略研究中心在北京组织召开的"科技领域发展路线图战略研究交流研讨会",项目组组长刘昌明院士做了大会汇报。会后,按照路甬祥院长相关指示,进一步收集国外相关的路线图研究资料以及国内相关的科技发展规划资料,细化了课题设计和研究计划,并于2008年2月23日在中国科学院科技政策与管理科学研究所召开了第一次项目专家组研讨会,通过咨询相关科技专家,初步明确了水资源领域的科技问题,并制定了年度工作安排。

2) 2008年2~4月,项目组分别从水资源、水环境、水生态、水灾害和水管理五个专题领域开展调研和报告起草,主要按照国家需求→发展目标→科技问题→关键技术的层次架构开展了深入细致的研究,取得了重大实质性进展,并于5月形成了"中国至2050年水资源领域科技发展路线图"的基本框架和研究报告初稿,进而通过工作组研讨会和网上征求意见,于6月完成了报告修改稿。

3) 2008年6月15~18日,项目组参加了中国科学院规划战略局在北京组织召开的"至2050年重点科技领域发展路线图交流汇报会",项目组副组长王毅研究员做了大会汇报。会后,项目组按照路甬祥院长及其他与会院领导和专家的指示与建议,进一步修改和完善研究成果,尤其强调了对研究成果质量和水平的进一步提升。

4) 2008年10月29日,项目组主要人员在北京外国专家大厦召开了第二次项目专家组研讨会,刘昌明院士主持会议,在对"至2050年重点科技领域发展路线图交流汇报会"情况进行介绍的基础上,深入讨论了"中国至2050年水资源领域科技发展路线图"研究报告的进一步修改问题,强调了若干重大问题,明确了下一步研究的重点。

5) 2008年11月10~11日,在经过进一步的修改和完善之后,项目组参加了规划战略局组织召开的"重要科技领域发展路线图战略研究评议会",研究组副组长王毅研究员向评议专家组详细汇报了路线图战略研究报告的成果。此后,项目组得到了评议专家组的反馈意见,针对所提出的意见和建议,进行了更为深入的研究,并对研究报告做了进一步的完善。

6）2009年3月2日，项目组主要人员在中国科学院地理科学与资源研究所召开研讨会，对"中国至2050年水资源领域科技发展路线图"研究报告进行了认真的梳理、总结和修改。同时，项目组进行了研究报告的外审，聘请4位知名专家对研究报告进行评审，并进而对研究报告进行了修改与完善。在此基础上，3月22日，项目组又在中国科学院科技政策与管理科学研究所召开了研究报告总结会。

在整个研究过程中，规划战略局潘教峰局长、张凤处长、王文远博士等都给予了多方面的巨大支持。我们对此表示衷心的感谢。中国科学院院士孙鸿烈先生、中国工程院院士钱易先生、水利部水利水电规划设计总院朱党生副总工程师、中国科学院武汉水生生物研究所王丁研究员4位外审专家针对本研究高屋建瓴地提出了多方面的意见和建议，对提高本报告的质量产生了重要影响，在此特别向他们表示感谢。

本报告是集体工作的结晶，项目组专家成员，如刘昌明院士、王毅研究员、宋献方研究员、王金霞博士、刘文兆研究员、李国敏研究员、黄河清研究员、侯西勇博士、袁志彬博士等分别提供了大量有价值的信息，或者提出了宝贵的书面意见；此外，姜德娟、高猛、于良巨、朱明明、韩磊等参加了国外案例的部分翻译工作。本报告主要观点是在项目组多次集体讨论的过程中逐步形成的，报告文字内容由侯西勇、袁志彬作为主要执笔人。报告最后由刘昌明、王毅负责统稿。

最后，感谢中国科学院科技政策与管理科学研究所在研究过程中提供了各方面的便利条件。同时向所有为本报告作出贡献和提供帮助的专家和同仁表示衷心的感谢！

刘昌明

2009年7月于北京

目　　录

中国至2050年水资源领域科技发展路线图

摘要

"中国至2050年水资源领域科技发展路线图"研究项目历时将近两年,主要开展了以下几个方面的研究:

1)系统分析了中国水问题的基本特征、影响因素与变化趋势,阐明了中国水问题的多样性、转型特征、流域性与不确定性,分析了气候变化与人文因素对水问题的影响特征,并指出了未来中国水问题的发展趋势。

2)综述了国内外水资源领域科技发展的动态、趋势,以及国内外相关研究的差距,指出了当前存在的一些共性的科学难题与技术瓶颈。

3)对国际上若干水资源相关科技发展路线图案例进行了介绍,并对中国近期水资源领域的科技发展规划进行了梳理,在此基础上,从目的、方法、流程等几个方面对路线图研究的方法进行了归纳总结。

4)将"水资源"领域的问题划分为水资源、水环境、水生态、水灾害和水管理五个方面,按照近期(至2020年前后)、中期(至2030年前后)和长期(至2050年前后)三个时段,对"中国至2050年水资源领域科技发展路线图"进行了深入的分析,每个领域都按照国家需求→发展目标→科技问题→关键技术的基本框架加以研究和论述。

5)提出了中国至2050年水资源领域科技发展的国家需求以及应对水问题的战略性指导思想,绘制了"中国至2050年水资源领域科技发展综合路线图",并按照发展目标、科技问题和关键技术三个层面绘制了分领域的路线图。

6) 在多层面路线图绘制的基础上,分别从基础性研究、前瞻性技术研发、流域研究与管理、区域水问题应对四个方面提出了当前及未来时期中国为应对水问题应该重视并宜于尽快部署的若干重大科技任务。

主要结论与观点如下:

1) 当代社会,水已经上升为具有多种功能和属性的战略资源,中国的水问题日趋突出,水问题整体态势异常严峻和复杂,同时面临着水资源、水环境、水生态、水灾害与水管理等多重问题相互交织的危机和挑战。总体来说,中国的水问题具有多样性、转型特点、流域性和不确定性等特征,其发展趋势不容乐观,将是长期制约经济社会可持续发展的重要瓶颈之一。

2) 中国水问题发展的特征与趋势如下:①水资源方面。用水总量将继续增加并逐渐趋向稳定,供水能力将持续增长,水资源利用率将不断提高,但仍难以在较短时期内达到国际先进水平,水资源供需矛盾仍将长期存在,局部区域将会进一步加剧。②水环境方面。污染物类型多、数量大,正在进入复合污染和富营养化阶段,农村面源污染加剧,部分地区地下水污染严重;流域性和区域性水环境问题凸显,水污染事故已进入高发期。③水生态方面。水土流失依然严重,水资源过量开发利用,水污染问题突出,加之全球气候变化因素的影响,水生生态系统退化趋势难以扭转,局部区域甚至会恶化。④水灾害方面。旱涝灾害的频率、强度和空间分布将会发生较为明显的变化,危害将会增强,突发性水灾害事件的几率将会提高,地下水资源开发引起的环境地质灾害问题日益严重。⑤水管理方面。国家和大的流域层面管理体制存在多部门管理并缺少协调机制的突出问题,水管理相关制度(法规、规则等)之间的冲突日益彰显,缺少综合性和相互协调的政策,经济激励政策不完善,涉水规划的法律地位不清晰。

3) 综合各方面因素,判定 2030 年前后将是中国的用水总量高峰期,届时,中国的用水总量高峰为 6500 亿 m^3/a 左右。基于这一判定,明确"中国至2050年水资源领域科技发展路线图"的目标导向,包括:① 供水总量方面。至2020年前后,为6000亿m^3/a;至2030年前后,为6500亿m^3/a;至2050年前后,为5500亿m^3/a。② 节水方面。至2020年前后,工业重复利用率达到50%,农业灌溉水利用率达到65%;至2030年前后,工业重复利用率达到65%,农业灌溉水利用率达到75%;至2050年前后,工业重复利用率达到85%,农业灌溉水利用率达到85%。③ 城市污水处理率方面。至2020年前后达到80%;至2030年前后达到90%;至2050年前后接近100%。

4) 基于对中国水问题发展特征与趋势的判定以及"中国至2050年水资源领域科技发展路线图"的目标导向,进一步确定中国至2050年水资源领域科技发展的国家需求:总目标是"人水和谐",可分解为水可持续利用、水环境健康、水生态安全和防灾减灾四个分目标,反映了资源水、环境水、生态水和灾害水之间(简称"四水")的相互关系,需要通过水管理方面政策、措施与技术的发展和应用促进这"四水"之间的协调与综合调控。

5) 应对复杂多样的综合性水问题、克服水危机对经济社会发展的制约,需要系统性、战略性的指导思想,主要包括:以水循环理论为治理的理论基础,以人水和谐与良性水循环为基本理念,以促进实现需水零增长为总体目标,以发展循环经济、水权管理、水市场交易等作为技术与管理的基本途径,重视和加强对大江大河(长江、黄河等)与重点地区(青藏高原、华北、西北、东北、东南沿海等)的治理。需要重点强调的策略是节水优先、治污为本、多方开源、防灾减灾、统筹管理。

6) 中国至2050年水资源领域科技发展的核心国家需求是促进"水可持续利用",主要的发展目标是节水、增水与调控,重点的科技问题则包括节水技术、节水管理、虚拟水、人工增雨、海水淡化、再生水、区域调配、地下水调蓄、雨水利用–绿水管理9个方面,主要包括38类关键技术。

7) 中国至2050年水环境领域科技发展的核心国家需求是

促进"水环境健康",主要的发展目标是饮用水安全、湖泊富营养化治理、大江大河流域治理、重点地区及都市区环境治理,重点的科技问题则包括水源地保护、饮用水与人体健康、水污染防治及污废水处理、面源污染问题、水体(水环境)修复、数字水环境模型、地下水环境修复、地下水环境模型8个方面,主要包括27类关键技术。

8)中国至2050年水生态领域科技发展的核心国家需求是促进"水生态安全",主要的发展目标是水生态保育,重点的科技问题则包括河流健康、水土保持、次生盐渍化、生物多样性4个方面,主要包括25类关键技术。

9)中国至2050年水灾害领域科技发展的核心国家需求是促进"防灾减灾",主要的发展目标是旱灾防治、洪涝防治、应对气候变化、环境水文地质灾害防治,重点的科技问题则包括水利工程、预警系统、适应对策(适应气候变化的体系)3个方面,主要包括15类关键技术。

10)中国至2050年水管理领域科技发展的核心国家需求是促进"和谐发展",主要的发展目标是统筹协调的水管理,重点的科技问题则包括观测与监测,水需求管理的制度、政策和经济措施,水管理信息系统和决策支持系统4个方面,主要包括17类关键技术。

11)为有效应对未来时期的水危机、消除水问题对经济社会发展的制约作用,建议部署如下重大科技任务:①基础性研究。气候-经济-水文系统相互作用及对中国的影响研究。②前瞻性技术研发。非常规污染物和新型污染物的防治技术与示范。③流域研究与管理。重点流域良性水循环维持机理与技术,以及流域综合管理/水资源综合管理体系的科技支撑研究。④区域水问题应对。主要针对大江大河源区、三北地区和东南季风区三大类型区,分别制定相应的科技发展策略、措施及关键的科技发展目标。

第一章

中国水问题的基本特征、影响因素与变化趋势

水资源的保护与开发利用是经济社会可持续发展的重要领域。中国在历史上曾被称为"治水社会",但20世纪中期以来却一直为各种水问题所困,"水多(洪涝灾害)、水少(干旱缺水)、水浑(水土流失)、水脏(水污染)"是对其的形象概括,多种水问题不仅制约了很多地区经济的发展,而且也给公众健康和社会福利造成了很大的影响。

当代社会,"水"已经上升为具有多种功能和属性的战略资源,但是,中国的水问题却日趋突出,水问题整体态势异常严峻和复杂,中国同时面临着水资源、水环境、水生态、水灾害等多重问题相互交织的危机和挑战;而且,中国所面临的水危机实质上是管理与技术的综合性危机,水管理体制薄弱、技术滞后是加剧各类水问题、恶化水供需的重要原因。中国的水问题具有显著的多样性、转型特征和流域性,具体而言,已经从传统的单一水问题转向了相互影响的现代综合型水问题,已经从局部性问题转向了流域性和区域性问题,而且,水资源短缺、水环境污染、水生态恶化、水灾害加剧和水管理不足之间是相互关联、彼此加剧的复杂关系(陈宜瑜等,2007;中国科学院可持续发展战略研究组,2007)。未来时期,受全球气候变化和经济社会继续快速发展等因素的影响,中国水问题的发展趋势不容乐观,将是长期制约经济社会可持续发展的重要瓶颈,甚至会发展成为严重的水危机。

第一节　中国水问题的基本特征

总的来说,自改革开放以来,随着工业化和城市化的快速发展,中国水资源所承受的压力日益增大,特别是在全球气候变化的背景下,中国的水问题日趋严重,表现出了多样性、转型、流域性、不确定性等基本特征。

一、水问题的多样性

传统社会的水问题主要是农业用水、洪涝灾害和干旱灾害等,类型比较单一,与其相应,中国传统的水管理体制总体上比较奏效。但是,随着经济社会的不断发展,特别是快速工业化和城市化的影响,当代社会的水问题已经由传统的单一性水问题转变为相互影响的现代综合性水问题,水资源短缺、水环境污染、水灾害加剧、水生态退化都是普遍存在而且非常严重的水问题。不仅如此,水问题的转变在很大程度上导致和决定了传统水管理体制的失灵,使得水管理不善也变为一个突出的问题。多重水问题交织共存,已对经济社会发展形成了前所未有的压力。

(一)水资源问题

中国的水资源虽然总量相对丰富,但是人均占有量少,时空分布不均匀,与人口和耕地资源的空间分布不匹配,而且还面临着严峻的水环境质量问题。全国多年平均淡水资源(降水)总量大约为6.2万亿m^3,约占全球淡水资源总量的0.018%,折合降水深大约为648mm,低于全球平均水平(约800mm);多年平均水资源总量(地表水和地下水之和)不足2.8万亿m^3,居世界第6位;水资源可利用量8140亿m^3,仅占水资源总量的29%;中国人均水资源量2220m^3,仅为世界人均水平的1/4,是世界上13个缺水最严重的国家之一;单位陆地面积水资源量29.9万m^3/km^2,单位耕地面积水资源量2.16万m^3/hm^2,约为世界平均水平的1/2。

受季风气候等因素的显著影响,中国降水量年内、年际变化大,且多集中在6~9月,容易形成春旱和夏涝。水资源空间分布总体上呈现为"南多北少、差别悬殊"的基本特征,与土地、矿产资源分布以及生产力布局不相匹配。北方土地资源丰富,耕地约占全国的65%,人口约占全国的47%,GDP约占全国的45%,但是水资源却仅占19%;南方水资源丰富,约占全国的81%,人口约占全国的53%,耕地约占全国的35%,GDP约占全国的55%;北方人均水资源拥有量不足南方的1/4。按照流域来看,全国绝大多数水资源集中分布在长江、珠江、东南和西南诸河流域,北方海河、黄河、淮河、辽河、松花江及西北诸河流域水资源量却非常稀少(汪恕诚,2006;夏军等,2008)。北方部分地区人均占有水资源量仅相当于世界上最干旱的国家,但是,即便水资源丰富的南方也常常发生季节性干旱,使得严重依赖灌溉水的主要农作物以及一些经济作物用水困难。

新中国成立之后,用水总量逐年增长,但自1997年以来,用水总量不再表现出较大的变化(图1-1)。总的来说,农业用水总量的波动性明显,其所占比重呈现为持续下降的趋势,但目前仍维持在60%以上;工业用水总量及其所占比重近年来仍处于缓慢增长的阶段,目前其比重已经接近25%;生活用水总量在缓慢增长中,但2005年以来其比重变化微弱,一直维持在12.2%的水平。2007年全国总供水量为5819亿m^3,占当年水资源总量的23%,其中,地表水源供水量占81.2%,地下水源供水量占18.4%,其他水源供水量占0.4%。2007年总用水量中,工业用水占24.1%,农业用水占61.9%,生活用水占12.2%,生态与环境补水(仅包括人为措施供给的城镇环境用水和部分河湖、湿地补水)占1.8%。与2006年比较,全国总用水量增加24亿m^3,其中,农业用水减少了66亿m^3,工业用水增加了60亿m^3,生活用水增加了17亿m^3,生态与环境补水增加了13亿m^3。

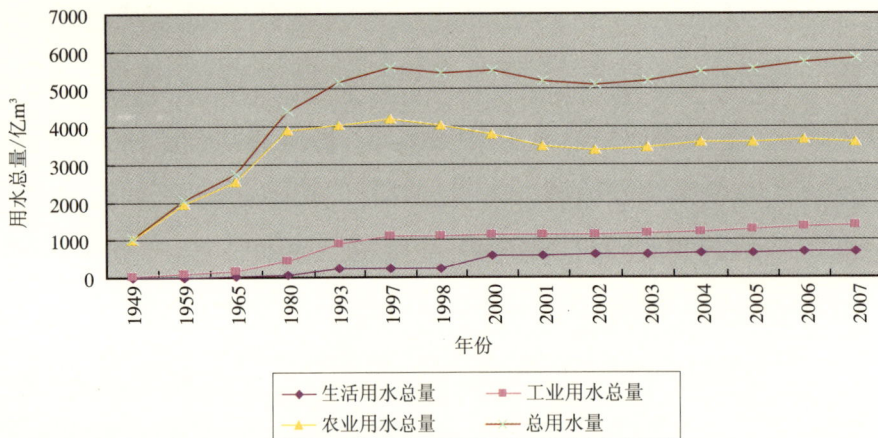

图 1-1　中国的用水总量变化
资料来源：水利辉煌 50 年编撰委员会. 1999. 水利辉煌 50 年. 北京: 中国水利水电出版社；
根据历年中国水资源公报整理

中国的水资源开发利用存在供需失衡、浪费严重、地下水超采和污染严重等突出问题。仍以 2007 年为例（表 1-1），开发利用率北方地区平均为 51.85%，南方地区平均为 16.06%。七大水系中的淮河、松花江、辽河、黄河地表水资源开发率分别达到了 40.59%、43.19%、53.50%、58.16%，海河流域则更为严重，远远超过国际上公认的 40% 开发比率的警戒线。全国地下水资源开发利用迅速增加，据中国地质调查局统计，20 世纪 70 年代，全国年均地下水开采量为 572 亿 m^3，到 80 年代增加到 748 亿 m^3，到 1999 年已达 1058 亿 m^3，近年来则一直在 1000 亿 m^3 以上；北方年均地下水可开采量为 1536 亿 m^3，南方年均地下水可开采量为 1991 亿 m^3/a，但是，近年来实际开采量北方普遍高于南方，尤其以河北、北京、天津、山东、内蒙古、上海等省（自治区、直辖市）的开采程度最为突出；全国地下水超采问题严重，超采区域已经自 20 世纪 80 年代的不足 9 万 km^2 增长到了近年来的 19 万 km^2。

表 1-1　中国主要河流水资源利用程度（2007 年）

区域/流域	水资源总量/亿 m^3	总供水量/亿 m^3	开发利用率/%
全国	25 255.2	5818.7	23.04
南方四区	20 332.5	3266.2	16.06
北方六区	4922.7	2552.5	51.85
松花江	927.7	400.7	43.19

中国至 2050 年水资源领域科技发展路线图

表1-1（续）

区域/流域	水资源总量/亿m³	总供水量/亿m³	开发利用率/%
辽河	381.9	204.3	53.50
海河	247.8	385.1	155.41（地下水超采）
黄河	655.3	381.1	58.16
淮河	1365.9	554.4	40.59
长江	8807.8	1939.6	22.02
东南诸河	1799.8	338	18.78
珠江	3985.9	879.9	22.08
西南诸河	5739.1	108.7	1.89
西北诸河	1343.9	626.9	46.65

资料来源：中华人民共和国水利部. 2008. 中国水资源公报2007年

另外，中国水资源利用效率较低。农业用水总量大、比重高，但是农业灌溉系统不发达，水资源空间分配不合理，农业灌溉水利用率仅为25%~45%，而发达国家则可达70%~80%；中国的水资源生产率（单位用水量的GDP产出，元/m³）（图1-2）仅为世界平均水平的1/5左右；粮食作物平均水资源生产率为1kg/m³，而发达国家则高达2~2.5kg/m³，单方水粮食增产量仅为世界水平的1/3；工业万元产值用水量为发达国家的5~10倍（夏军等，2008），工业用水的重复利用率仅为40%左右，而发达国家则为75%~85%（成自勇等，2007；张志，2007）；而且，工业废水处理能力和水平还有待提高，废水排放量日益增多。水资源过度开发与水环境污染密切关联，多数区域地表水与地下水的环境状况不容乐观，水质性缺水问题非常普遍，并有不断蔓延的趋势。

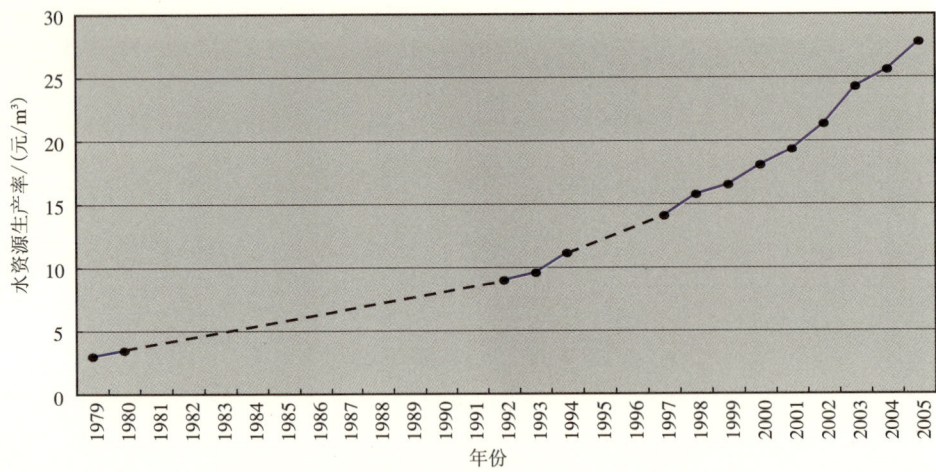

图 1-2　中国的水资源生产率（1979～2005 年）
资料来源：根据历年的中国统计年鉴和中国水资源公报整理

（二）水环境问题

目前，中国面临着严重的水质危机，水污染问题已构成严重威胁。中国水污染问题的成因复杂、面广量大，污染物种类多、负荷高，大大加剧了中国的水稀缺程度，并威胁公众的身体健康和生活水平，造成巨大的经济社会损失。

自 1999 年开始，中国城市生活污水排放量开始超过工业废水排放量（图 1-3），农业生产过程中，化肥使用量逐年攀升，不仅未能使粮食产量得到相应的提高（图 1-4），而且使得农村面源污染的压力不断加重，并对环境质量产生越来越大的影响，部分地区地下水污染日益严重，水污染事故进入高发易发期（例如，仅 2006 年全国就有 482 件水污染事故）。

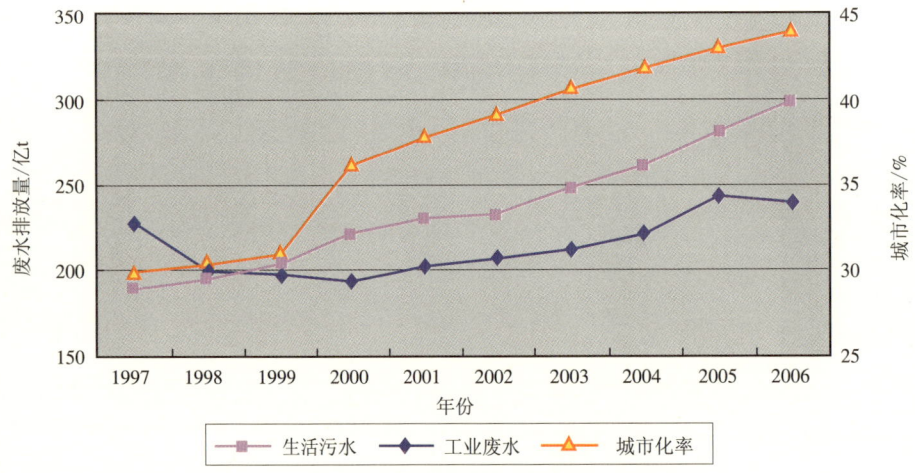

图 1-3　水污染排放量增加与城市化率变化
资料来源：2007 中国统计年鉴

中国至 2050 年水资源领域科技发展路线图

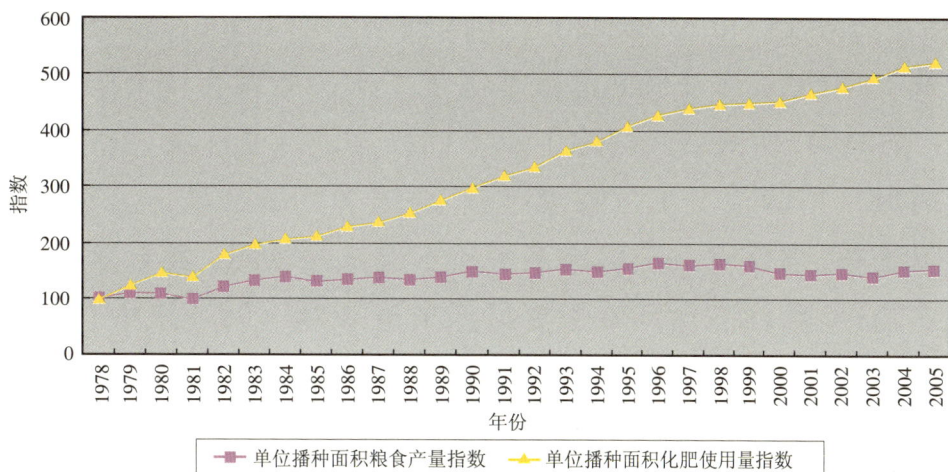

图1-4　粮食产出及化肥使用量变化(1978~2005年)
资料来源：根据2007中国统计年鉴有关数据计算

2006年全国废水排放总量536.8亿m³,其中工业废水排放量240.2亿m³,占废水排放总量的44.74%；城镇生活污水排放量296.6亿m³,占废水排放总量的55.26%。2005年全国废水处理率仅为45%,截至2005年底,全国661个城市中有278个城市没有任何废水处理设施；在最大的30个城市中,超过一半的废水处理厂处理率低于30%。根据《2008年中国环境状况公报》,全国地表水746个国控断面I至III类水质比例为47.7%,劣V类水质比例为23.1%；全国地表水国控断面高锰酸盐指数年平均浓度为5.7mg/L；七大水系I至III类断面比例为55.0%,24.2%的断面属IV类至V类水质,劣V类水质断面占20.8%。

据《2007年中国环境状况公报》,189个城市地下水水质监测资料表明,2007年监测区主要监测点的地下水水质以良好至较差级为主,深层地下水水质略优于浅层地下水,开采程度低的地区水质优于开采程度高的地区,水质呈下降态势的地区主要集中在华北、东北和西北地区,水质呈好转态势的地区仅零星分布；在开展浅层地下水水质监测的159个城市中,与上年相比,主要监测点地下水水质呈下降态势的城市有16个；在开展深层地下水水质监测的76个城市中,与上年相比,主要监测点地下水水质呈下降态势的城市有4个。

宋玉芝等(2008)总结了国土资源部长期地下水监测资料、

1981～1984年和2000～2002年两轮全国地下水资源评价结果以及1999年以来开展的部分地区地下水污染调查评价结果,表明:全国大、中城市浅层地下水不同程度地遭受污染,其中约一半的城市市区地下水污染较严重,全国多数城市地下水水质呈下降趋势,部分城市浅层地下水已不能直接饮用;在京津冀、长江三角洲、珠江三角洲等主要城市及近郊地区地下水中普遍检测出有毒微量有机污染物,其中邻苯二甲酸二正丁酯最大检出值超过我国生活饮用水卫生标准1.4倍;邻苯二甲酸(22乙基己基)酯最大检出值超过我国生活饮用水卫生标准0.125倍。

中国饮用水安全和人群健康问题十分突出,农村饮水不安全人口达3.23亿。1978～1987年,全国出现富营养化的湖水面积从5%增加到55.1%;90年代后,问题变得更加严重,滇池、太湖和巢湖是富营养化最严重的3个淡水湖,湖水质量由III类(饮用水源的最低要求)下降到V类;2001～2005年,中国工业发展平均每年增长8%～18%,同时,V类水体面积年增长率为3%～5%,相当于经济每增长10%,就有3000km²的湖水面积变为V类。

由于水资源总体质量的不断下降,一些水体的使用功能已部分或全部丧失,仅点源排放就引起33%的水功能区污染物入河量超过其纳污能力。全国水功能区达标比例仅为56%,其中,海河、淮河、松花江和辽河水功能区水质现状与目标要求存在很大差距,水功能区达标比例均在40%以下(畅明奇等,2006)。据中国地质调查局调查,全国185个城市的253个主要地下水开采区中,污染趋势加重的占25%,平原地区约有54%的地下水不符合生活用水水质标准。地表、地下水严重污染形成的水质性缺水使许多地区饮用水深陷前所未有的困境。

此外,近年来,水污染事故的发生也越来越频繁,给地方的经济发展和居民健康构成了极大的危害。全国每年由于水污染造成的经济损失约400亿元(李玉文等,2008)。据统计,仅2001～2004年就发生水污染事故3988件(李忠峰,2006)。尤其是因企业违法排污和事故而引发的重大水污染事件也是接连发生,其中较为重大的典型事件为松花江水污染事件、广东北江镉污染事件、辽宁浑河抚顺段水质酚浓度超标事件、广西红水河天峨段水质污染事件、湖南湘江株洲和长沙段镉污染事件、河南巩义二电厂柴油泄漏污染黄河事件和江西赣江水域油轮起火事故污染事件等(何祖健,2006)。2009年2月20日,在有"百河之都"之称的江苏盐城,由于给市区供水的城西水厂、越河水厂受到挥发酚类化合物污染,盐城市区发生大范围断水,至少有20万居民生活受到不同程度影响。

综上所述,近20年来,中国水污染形势已从局部河段到区域和流域、从单一污染到复合型污染、从地表水到地下水,以很快的速度扩展,危及水资源的可持续利用;水污染和水体富营养化等问题限制着中国经济的发展,水体中的藻类、细菌等威胁着饮用水的安全,水污染已经成为当前中国水危机中最严重、最紧迫的问题。

(三)水生态问题

目前,中国水生态的破坏和退化问题十分严重,广泛存在水土流失、水生生物减少、河流断流、大坝阻隔、湖泊萎缩、湿地退化、沙漠化扩展、地下水位下降、海咸水入侵等问题,尤其是严重的水稀缺和水污染问题大大削弱了水体的生态功能和生态服务价值水平,已经危及到经济社会的可持续发展。

据中国科学院、中国工程院和水利部联合开展的"中国水土流失与生态安全综合科学考察"数据(李智广等,2008),中国是世界上水土流失最为严重的国家之一,目前水土流失面积达357万km^2,占中国陆地面积的37.2%,中度以上的水土流失面积达193.1万km^2,强度以上的水土流失面积达112.2万km^2。水蚀区平均土壤侵蚀模数约为3800t/($km^2 \cdot a$),远远高于土壤容许流失量值,也远大于世界上水土流失严重的国家[(印度、日本、美国、澳大利亚和前苏联的平均土壤侵蚀模数分别是2800t/($km^2 \cdot a$)、967t/($km^2 \cdot a$)、937t/($km^2 \cdot a$)、321t/($km^2 \cdot a$)和167t/($km^2 \cdot a$)],水土流失区土壤流失速度远远高于土壤形成的速度。就区域分布而论，西部地区仍然是中国水土流失最严重的地区，水土流失面积在继续扩大，而其他区域的水土流失面积和强度则有所下降。中国每年流失的土壤达50多亿t，每年由于水土流失所带走的氮、磷、钾等养分，相当于全国一年的化肥产量。据调查，全国水库泥沙淤积已达200亿t以上，相当于减少了库容1亿m^3的大型水库200座（亓长东，2007）。而且，中国是世界上受沙漠化危害最严重的国家之一，每年因沙漠化造成的直接经济损失超过540亿元。目前，全国沙漠化土地面积达153万km^2，占中国陆地面积15.9%，现在每年以2000km^2（约等于一个县）的速度蔓延、恶化，形势相当严峻（雷川华等，2007）。

20世纪90年代以来，河道断流已成为普遍关注的水生态问题，特别是在北方地区，断流现象十分普遍。全国七大江河中，海河是最早发生断流的大河，从20世纪80年代到21世纪初，流域内21条河流全部断流，断流时间平均超过200天，河道内基本的生态用水无法保证。黄河是断流影响最为深远的河流，自1972年黄河下游首次断流以来，断流的频次、历时和河长不断增加，1997年黄河下游河道断流的时间达226天。由于断流，导致河流功能衰减或基本丧失，河流生态系统、河口生态系统、内陆河末端尾闾湖等水生生态系统的恶化和破坏（畅明奇等，2006；王会肖等，2006）。

近几十年来，中国的湖泊普遍发生了湖面退缩、水位下降、水量锐减、湖水咸化，甚至干涸消亡等情况，湖泊水面积近30年已缩小30%；与此同时，由于防洪和水利设施的建设，造成江湖阻隔，很少能形成新的湖泊。素有千湖之称的江汉湖群，目前湖泊面积仅为20世纪50年代初的50%；青藏高原湖区湖泊退缩已使30%以上湖泊干化成盐湖或干盐湖，累计亏水量148亿m^3，湖水面积减少了300多平方公里；新疆、青海的湖泊湖水水位每年都在下降；许多湖滨水草丛生、湖面缩小，正向沼泽化转化，有些已成为沼泽；近40年来，中国沿海地区累计丧失海滨滩涂湿地面积约100多万hm²，相当于沿海湿地总面积的50%，围海造地工程则使中国沿海湿地面积每年以超过2万hm²的速度减少（畅明奇等，2006）。

（四）水灾害问题

水灾害问题自古有之，然而，时至今日，水灾害仍然是此起彼伏，危害巨大。中国大部分地区属于亚洲季风气候区，降水量受海陆分布、地形、人类活动等因素影响，在区域间、季节间和不同年份及年代间分布很不均衡，导致洪灾和旱灾频繁发生，给中国的经济社会发展造成了严重的威胁。在地区分布方面，中国的水灾是东部、南部以防洪排涝为主，西部、北部以抗旱蓄水为主。近几十年来，全球气候变化以及厄尔尼诺、拉尼娜等现象所带来的极端性天气和气候事件，大大加剧了各种水灾害的频率、强度及其危害。

中国多数江河防洪工程体系标准不高，大江大河的防洪标准仅能抵御20～50年一遇的洪水，抗御较大洪水的能力依然不足。全球EM-DAT（OFDA/CRED）国际灾害数据库中重大洪水灾害资料显示，在1950～2004年期间，中国的受灾次数达125次，受灾人口14.65亿，受灾损失达116.75亿美元。不论发生次数、受灾人口，还是受灾损失，中国都是世界上最严重的国家之一。在中国，重大洪水灾害非常严重，造成巨大的经济损失，这将严重制约中国经济的可持续发展（蒋卫国等，2006）。1998年长江流域特大洪水之后，国家对防洪投入的力度非常大，防洪设施整体上的改善明显，但由于经济密度的增加及洪泛区缺乏有效的综合管理等原因，洪水造成的损失也在同步加大（王浩，2000）。

中国受暴雨洪水威胁的主要地区有73.8万km²，耕地面积约为3333万hm²，主要分布在长江、黄河、淮河、海河、珠江、松花江、辽河等七大江河下游和东南沿海地区（房晨月，2007）。刘建芬等（2004）根据中国水灾年表，对七大流域150年的受灾次数进行统计，结果如表1-2所示，七大流域洪水灾害都在20次以上，长江流域和黄河流域发生的洪水次数最多，分别是77次和50次，每一两年就会发生一次洪水灾害，但从1950～1992年的统计看，淮河流域发生洪水的次数升至第二位，接近长江流域。

表1-2 1840～1992年中国水灾次数统计

流域	1840～1992年				1950～1992年			
	特大洪水	大洪水	一般洪水	总计	特大洪水	大洪水	一般洪水	总计
珠江	3	6	23	32		1	9	10
长江上游	3	13	23	39	1	1	8	10
长江中下游	4	14	20	38	1	4	7	12
淮河	4	10	25	39	2	6	9	17
黄河	9	14	27	50	1	3	5	9
海滦河	2	7	20	29	1	3	6	10
辽河	4	9	22	35	1	2	3	6
松花江		5	15	20	2	3	6	11

在中国，干旱以冬春旱或春旱发生的机会最多，程度最重，持续时间也最长。从区域来看，南方干旱程度较轻，北方干旱程度较重。新中国成立以后，中国修建了大量的水利工程，提高了抗旱减灾能力。由于防灾体制不断完善、综合国力的提高和水资源利用能力的增强，干旱造成人口大量死亡的概率在不断降低，干旱对中国的危害方式和影响程度出现了很大变化，而干旱造成的经济损失、影响人口的绝对数量、农业受灾面积与成灾面积、粮食减产量等都呈增加的趋势。据统计，1950～1999年，全国农作物年均受灾面积2180万hm^2，成灾面积839万hm^2，年均减少粮食产量1237万t。干旱造成的粮食减产量所占的比例逐步增加，从20世纪50年代占总产量的2.0%左右增加到80年代的5.0%。中国城市供水安全和农村用水安全抵御干旱冲击的能力也非常薄弱。全国现有的660多个城市中，不同程度缺水的城市约占60%。在这些缺水城市中，有相当部分属于资源型缺水城市。另外，中国一些城市的供水体系极其脆弱，有的城市供水水源仅仅依靠一座水库或一个湖泊，水源单一；有的城市靠远距离甚至跨流域调水解决，供水系统安全隐患很大。中国许多农村用水的保证率较低，遇到干旱年，有大量的农村人、畜用水困难。

中国至2050年水资源领域科技发展路线图

　　1949年后,对于牧区水利建设的开展和重视使牧区防旱减灾能力得到了提高,但随着人口增多和牲畜的大幅度增长,草场长期超载过牧和乱垦滥伐,不少地区草场退化,土地沙化,天然植被面积减少,自然绿洲萎缩,沙尘暴频繁。目前,中国荒漠化面积已经扩展到174.3万km²,占国家陆地面积的18.2%,而且年扩展速度由20世纪70年代的1560km²增加到90年代末的3436km²,年扩展速度呈明显增加趋势,荒漠化土地的面积大多数集中在中国的干旱或半干旱地区(于琪洋,2003)。由于牧区旱灾而引起的牲畜损失也十分严重。据不完全统计,1949～1991年,因旱损失牲畜50万头(只)以上的旱灾有10年,损失牲畜100万头(只)以上的有6年,损失牲畜200万头(只)以上的有2年,其中1965年损失牲畜476.3万头(只),1980年损失牲畜238.1万头(只)(聂俊峰等,2005)。

　　近年来,水灾害受全球气候变化的影响愈来愈显著。厄尔尼诺和拉尼娜是全球气候异常的明显信号,厄尔尼诺现象是全球气候变化的"暖事件",与降水和洪灾之间的关系密切,而拉尼娜现象则是全球气候变化的"冷事件",与大的旱灾之间关系密切。厄尔尼诺现象通常每三年或者七年发生一次,其特征是太平洋东南高压的增加,同时伴随着较强的印度低压,其结果是导致洋流和风场的摆动,这些将会导致区域性气温和降水模式的变化,通常会带来强的降水,拉尼娜现象则正好与厄尔尼诺现象相反。1997年4月至1998年6月是20世纪最强的厄尔尼诺事件,而1998年6月至2000年8月则是持续两年的强拉尼娜事件,与此相应,1998年长江流域和嫩江流域爆发了特大洪水,而1999年华北、黄淮、华南等大部分地区则又出现特大干旱,2000年全国受旱面积更是高达4054万hm²,旱情最严重的北方地区还爆发了强的沙尘暴天气。

(五) 水管理问题

　　水管理体制不健全是中国在转型期的一个基本特征,并且也是水问题产生和水危机加剧的一个重要原因。总体而言,当前中国水管理体制的不足之处在于未能明确政府、市场和社会的不同角色及其相互关系,政府部门职能分工不合理和缺少协调导致水资源管理机构效率低,尚未建立起基于流域和面向市场经济的体制机制,社会参与水管理的作用也没有得到有效发挥。

自1950年以来,随着社会的变迁和水利事业的发展,中国水管理体制也不断进行调整。计划经济时期,中国的水管理侧重于工程建设,忽视经济规律,重建设轻管理。改革开放以来,水管理工作的重点逐步从资源开发利用转移到资源管理上来,并从水量管理逐步转向水量和水质并重,水生态、水环境问题越来越受重视。在这一转变过程中,中国在逐步探索与社会主义市场经济相适应的水管理体制和机制,水管理组织机构也经历了数次调整,逐步形成了比较完整的管理体系。伴随着一批水管理法规的颁布实施,中国的水管理逐步走向依法管理的轨道。1999年以来,水管理的思路和方针进一步发生了重大转变,水资源管理正在从过去注重工程水利转向资源水利和可持续发展水利。

然而,现行的水管理体制还存在诸多问题,不能完全适应新时期的治水需求。具体体现在如下几个方面:①现行流域管理机制不健全是最为突出的问题,主要表现在:现有的流域管理机构职能单一,管理手段不完善,无法承担起流域综合管理或水资源综合管理的职责;法规协调性不够,缺乏统筹考虑流域综合管理的法规;水资源与水环境管理在体制、机制上存在明显的冲突,缺少协调的"多龙治水"阻碍了流域综合管理措施的有效实施;利益相关方参与不足,公众权益得不到保障。②水利和环保的部门冲突问题是现行水管理体制弊端的集中体现。在水环境保护与管理事务中,水利与环保部门在水污染防治职能方面存在职责分工不明确问题,集中表现在流域管理上,是水利和环保部门之间最难协调的问题。③利益相关方参与薄弱在整个水管理中也是一个非常突出的问题。中国现行的水管理体制基本是一套自上而下的行政管理体制,整体来看,水管理体系中的利益相关方参与仍然十分薄弱,公众参与的范围和深度仍然十分有限,随着市场经济和分权化改革的推进,各利益团体日益显现并提出各自的利益诉求,使得自上而下的管理体系遇到挑战。

中国目前的水资源优化配置和高效利用仍然主要是借助工程和行政的手段,经济和制度的手段尚未在其中发挥有效作用。工程和行政的手段不但交易成本高、效率低,而且调节机制十分僵化,难以根据实际情况的变化灵活调节水资源供需。尽管新的制度安排和经济手段在优化水资源配置和提高水资源利用效率方面能较好地克服工程和行政手段的弊端,但由于转型期存在的问题,目前经济手段还没有很好地发挥其应有的作用(王毅,2008)。例如,中国水价改革虽然在近几年取得了很大的进步,但水费标准依然严重偏低,弹性小,难以达到合理水平(国家计委价格司和水利部经济调节司联合调研组,2003)。中国也没有建立起明晰的水权制度,水资源难以在用水者之间通过市场的作用得到合理调剂,由此造成水资源的极大浪费和用水的不公平(孟志敏,2000;汪恕诚,2000)。另外,尽管在灌区改革中进行了一些尝试,但还没有建立起有效的基于激励机制的参与式的民主管理制度,从而使得水资源低效利用和管理效率低下等问题仍十分严重(Wang et al., 2006;王金霞等,2004)。

二、水问题转型特征

中国正面临着前所未有的水问题转型,水资源、水环境、水生态和水灾害四大水问题相互作用、彼此叠加,形成影响未来中国发展和安全的多重水危机(中国科学院可持续发展战略研究组,2007)。水问题转型的实质是多元复合转型趋势,一方面,水资源、水环境、水生态和水灾害四方面的水问题呈现复合共存的特征,并且每个水问题的内部又存在着结构性的变化;另一方面,中国的水管理则正处于由过度依赖政府决策和管理的传统体制向以市场作用为主的现代水治理体制转变(王毅,2007)。

在水资源问题方面,突出的转型表现为由传统的"资源型短缺"转变为当前的"综合型缺水"。西北、华北等水资源数量有限的地区因人口增长、经济社会发展和污染等原因,水资源供需矛盾一直十分尖锐,特别是海河、淮河和黄河流域,人均水资源占有量仅为$350\sim750\ m^3$,属于严重缺水地区。南方地区虽然水资源数量相对充足,但是河流与地下水已遭受到严重的污染,水质性缺水突出,守着河流无水喝。全国有400多座城市供水不足,110个严重缺水,年缺水量60亿m^3,影响工业产值2000多亿元。近海海域污染呈现加重趋势,局部海域污染比较严重,赤潮发生面积和频率逐年增加。全国资源型缺水与水质型缺水叠加并存的局面日趋严重,难以获得安全饮用水的人口高达3亿,"综合性缺水"问题危及人民群众的身体健康和生产生活。

在水环境问题方面,中国水污染的转型特征包括:从单一污染和常规污染物为主的污染向复合型污染转变;生活污水排放量已经远远超出工业废水排放量,但工业废水污染物浓度高、性质复杂、含有难降解有机物,仍难以得到很好的控制;地表水进入富营养化阶段,流域性水污染问题严重,水污染事故进入高发期,水污染引发和加剧水资源短缺、水生态恶化和水灾害频发等问题。其原因是多方面的,包括工业废水和城市生活污水的控制和治理力度仍很薄弱、面源污染问题日益突出、水污染防治有法不依执法不严现象严重、对水污染事件的估计和准备不足、对水污染治理的严峻形势认识不足、政府政策导向存在偏差等(袁志彬,2007)。

在水生态问题方面,长期以来的现实是其处于被忽视或者漠视的地位,直到最近10余年,与水生态有关的生态服务和生态补偿等问题才逐渐得到了社会各界的关注。过去,中国的水生态保护缺乏清晰、科学的战略,也没有合理而有效的综合治理措施;边治理,边破坏;点上治理,面上破坏;治理赶不上破坏,问题十分严重。地下水位下降、水土流失、河流断流、大坝阻隔、湖泊退化、冰川退缩、湿地破坏、水生生态系统功能退化、珍稀物种濒临灭绝、近海生态问题突出等都是水生态问题的突出体现。

自20世纪90年代末期以来,在探寻长江洪水、黄河断流、南水北调等复杂水问题成因和解决对策的过程中,对水生生态系统服务功能、服务价值的研究和认识得到了质的发展,对于维持其正常服务功能和服务价值的重视程度也大大提高,相关的生态补偿案例也不断涌现。

在水灾害问题方面,洪涝与干旱灾害的威胁仍然长期存在,而且已经从传统的水旱灾害逐渐发展为综合性灾害风险。例如,受气候变化和人类活动的影响,水资源丰枯特征的频率和变率表现出更强的不确定性。在丰水期,由于多数江河防洪工程体系标准不高,抗御较大洪水的能力明显不足,成灾、致灾的几率以及灾害损失强度明显增强;在枯水期,水资源供需矛盾尖锐,往往加剧对河水、地下水等水源的依赖性,引发和加剧江河断流、湖泊萎缩、湿地干涸、地面沉降、海水入侵、生态退化等问题。中国农村面源污染突出,城乡污水处理能力和排水设施不完善,垃圾露天堆放,多雨期洪水肆虐,往往加剧污染的空间扩散和影响程度。自然和人为共同造成的环境地质灾害事故频发。

在水管理问题方面,目前尚未完成由过度依赖政府决策和管理的传统体制向以市场作用为主的现代水治理体制的转变。第一,在法律基础方面,虽然近年来相关的法律框架逐渐得到完善,但其应有的法律效力并未得到充分体现,法律之间也存在相互冲突的现象,一些法律法规还存在缺位,难以适应市场经济的要求;第二,水资源协调管理、流域综合管理等方面的进展比较缓慢,水管理体制的条块分割与区域分割现象依然如故,协调性、综合性并未得到根本性的提高;第三,水管理的透明度改善有限,公众参与机制薄弱,尤其体现在水文、水量和水环境等方面信息共享的巨大难度、水管理决策过程公众参与的严重不足等。

三、水问题的流域性

中国目前面临的流域性问题,比世界上任何国家在同一发展阶段所面临的问题都复杂。主要的问题包括:

1)流域水资源短缺。水资源短缺是中国特别是北方河流普遍存在的突出问题,海河、淮河和黄河等流域缺水尤为严重,由于水资源短缺和供需矛盾,进一步催生了流域上下游、左右岸、地表水与地下水、区域间在水资源分配中的冲突。

2)流域水污染问题。流域水污染趋于恶化并造成和加剧了多方面的矛盾与问题,在全国层面对应东部与西部之间的矛盾,在区域层面对应城市与乡村之间的矛盾,不仅如此,流域水污染还催化或加剧了上下游、干支流、地表与地下以及河流与海洋之间的矛盾。

3)经济功能与生态功能矛盾突出。因水资源过度开发、水污染加剧和水利工程大肆修建与管理不善等原因,河流的经济功能与生态功能之间矛盾日益尖锐化,尤其是大量的水利工程背后存在着复杂的利益问题,是加剧生态退化、引发利益集团冲突、造成区域矛盾,甚至蕴藏和引发严重社会问题的重要根源之一。

4)流域性灾害问题。近年来,流域性灾害的影响日益显著,其中,因水量不足或水质不达标而造成的流域性饮用水安全问题最为突出,除此之外,还有渔业、航运、开发与保护等多方面的流域性问题。在全球变暖的背景下,流域性灾害的发生和影响将变得更加不确定。

第二节　气候变化与人文因素对水问题的影响

中国的水问题具有复杂性和非线性特征,其未来发展趋势主要受到气候变化和人类活动等因素的影响,具有明显的不确定性和时空差异。例如,气候变化带来的极端天气气候事件的频度和强度变化,不仅大大增强了灾害风险,也给水资源供给等带来更大的挑战;关键区域,如青藏高原陆地生态系统对气候变化与人类活动的响应特征和过程十分复杂,水循环变化的不确定性成为这一地区非常具有挑战性的科学问题。

一、气候变化的影响特征

全球气候变化关系到人类的生存与发展，涉及国家政治与安全、社会经济发展、人类协调与合作等一系列问题。气候变化改变了水文循环过程，影响着水资源系统的结构与功能，给人类社会水资源的开发、利用、规划、管理等带来新的挑战。因此，全球气候变化对水资源、水环境、水生态、水灾害的影响受到了国际社会的普遍关注。

政府间气候变化专门委员会（IPCC）第四次评估报告指出，1906～2005年全球平均地面气温升高约0.74℃；与1980～1999年相比，21世纪末全球平均地表温度可能会升高1.1～6.4℃；21世纪高温、热浪以及强降水频率可能增加，热带气旋强度可能加强（IPCC，2007）。水是大气环流和水文循环中的重要载体，受气候变化的影响最直接也最深刻。气候变化对水文水资源的影响主要是通过降水、气温、蒸发等气象因素起作用。从中国范围来看，据《气候变化国家评估报告》（2007）研究表明，1951～2001年中国年平均气温整体上升趋势非常明显，温度变化达0.22℃/10a；51年间平均气温上升了约1.1℃，20世纪中国气候变化与全球变暖的总趋势基本一致。全球气候变暖已成为不争的事实。

（一）气候变化对水循环的影响特征

水循环是气候系统的重要组成部分，既受气候系统的制约，又对气候系统进行反馈。气候变化必然引起水循环的变化，对于流域水循环而言，其特征在相当大程度上是由所处的气候条件所决定的；或者说，流域的气候条件在客观上决定了流域的水循环背景。气候因子对水循环过程的影响是复杂的、多层次的，气候系统通过降水、气温、日照、风、相对湿度等因子直接或间接地影响着水循环过程。气候系统的输出——降水对水循环的影响最为直接。对某一特定的区域而言，降水只是水循环的开始。除了直接影响以外，通过发生在陆面和土壤中控制陆面与大气之间水分、热量和动量交换的陆面过程，气候因子还间接地影响水分循环。如气温、日照、风和相对湿度对陆面蒸散发过程的影响等。分析气候变化下的水循环演变特征是评估未来气候变化对流域水文水资源影响的基础。

1. 对降水的影响

从全球范围来看,由于缺乏海面上的观测资料,目前还无法估计全球海洋平均降水变化趋势,因而也难以估计过去100多年全球平均的降水量变化趋势。从20世纪全球陆面上的降水观测资料来看,20世纪全球陆地降水约增加2%,各个地区实际的降水变化并不一致,北半球中高纬度大陆地区降水明显增多,30°N~85°N陆地地区降水量平均增幅达7%~12%,但是北半球副热带地区(10°N~30°N)降水量可能减少了3%,非洲北部、南美洲的沙漠地区减少更为明显。20世纪南半球(0°S~55°S)大陆区域的降水量可能增加了2%左右。

从中国范围来看,近100年来中国的年降水量呈现出明显的年际和年代振荡,但是趋势性变化不明显。从近50年来看,全国平均年降水量的变幅不大,但是区域差异显著,中国东北部、华北中南部的黄淮海平原和山东半岛、四川盆地以及青藏高原部分地区出现不同程度的下降趋势,黄河、海河、辽河和淮河流域平均年降水量(1950~2000年)减少了50~120mm。在全国的其余地区,包括西部地区的大部分、东北北部、西南西部、长江下游和东南丘陵地区,年降水量都出现不同程度的增加,其中长江下游、华南沿海和西北地区的增加比较显著,西部大部分地区的年降水量从相对意义上看也有比较明显的增加,东北北部和内蒙古大部分地区降水量有一定程度的增加。20世纪90年代以来黄河中下游流域和华北平原的持久干旱及长江中下游地区的频繁洪水均有其深远的长期降水气候变化背景。

2. 对径流的影响

近50年中国六大江河(长江、黄河、珠江、松花江、海河、淮河)实测径流量都呈下降趋势(张建云等,2008;刘昌明等,2000)。下降幅度最大的是海河流域,1980年以来全流域的径流量与 1980 年以前相比减少了 40%~70%，地下水位也明显下降；黄河下游在 1972~1998 年的 27 年间有 21 年出现断流，黄河的主要支流也发生断流，全流域年径流量在减少；淮河的三河闸站径流量每 10 年递减率为 26.95%；长江的宜昌站径流量每 10 年递减率为 1.01%、汉口站为 1.46%；松花江径流量每 10 年递减率为 1.65%，下降趋势最小的是珠江，径流量每 10 年递减率为 0.96%，径流组成及年内分配也发生了一定程度的变化。

径流对气温变化和降水变化的敏感性不同，对于大部分流域，径流对降水的变化较对气温的变化更为敏感，松辽流域、海河流域和淮河流域是径流变化最敏感的地区；气候变化条件下，水资源表现出明显的脆弱性，水资源系统的结构及其数量和质量特征都将发生改变，并进而引发水资源供求关系和旱涝等自然灾害发生程度的变化。必须指出的是，河川径流的变化除了气候变化的影响外，日益增强的人类活动也是一个重要的影响因子。模拟结果表明，未来 50~100 年，中国北方部分省份（宁夏、甘肃、陕西、山西、河北等）多年平均径流深将减少 2%~10%，而南方部分省份（湖北、湖南、江西、福建、广西、广东、云南等）将增加 24%，北方水资源短缺现状还将继续，并将对中国农业产生不利影响。

3. 蒸散发变化

蒸散发既是地表热量平衡的组成部分，又是水量平衡的组成部分，是水循环中最直接受土地利用和气候变化影响的一项；反过来，蒸散发又可减小辐射向感热的转化，对气候进行反馈。由于实际蒸散发的测定非常困难，蒸发皿蒸发量虽不能直接代表水面蒸发，但与水面蒸发之间存在很好的相关关系，可以作为重要参考指标。对中国 664 个气象站 1960~2000 年 20cm 口径蒸发皿资料分析得出：就中国平均而言，1960~2000 年中国蒸发皿蒸发量呈明显下降趋势，蒸发皿年蒸发量在 20 世纪 80~90 年代较 60~70 年代下降了 99.8mm，下降幅度为 5.8%（曾燕等，2007）。黄河流域蒸发皿年蒸发量在 20 世纪 80~90 年代较60～70年代下降了136mm,下降幅度为7.5%(邱新法等,2003)。国内外众多学者研究认为,全球蒸发皿蒸发量的下降是普遍性的。造成这种现象的原因还未能由全球气候模型(Global Climate Models,GCMS)的输出予以反映和解释;气候变暖过程引起地表热量、水分收支状况的变化中存在着复杂的反馈机制,其机理有待探讨与观测。

4．海平面变化

在全球气候变暖的背景下,海水热膨胀,冰川、冰帽、冰盖出现退缩,从而使海平面上升。根据验潮仪资料估计,1961～2003年全球海平面上升的平均速度为(1.8±0.5)mm/a,通过TOPEX/Poseidon卫星高度仪于1993～2003年期间测量的海平面上升全球平均速度为(3.1±0.7)mm/a(IPCC,2007),虽然这些数字的精确度有待进一步改进,但是全球海平面的上升趋势是一个事实。中国沿海海平面近50年来平均上升速率约为2.5mm/a,略高于全球海平面上升速率(中国国家海洋局,2008)。海平面上升、河口盐水入侵引发淡水盐化和沿海土地盐渍化,给沿海地区的防洪和供水安全带来威胁。

5．冰川退缩

地球上的水97.47%是咸水,淡水仅占2.53%,并且主要以极地冰雪的形式赋存,冰川大约占世界淡水资源总量的3/4。冰川对气候变化反应十分灵敏,全球升温引发的冰川快速退缩引起冰川径流发生变化,不仅影响依靠融水补给淡水的人们的生活,而且还是影响海平面上升的重要因素。在过去的一个世纪,世界各地冰川迅速退缩,1850～1975年阿尔卑斯冰川面积缩小了35%,而到2000年,这一比例增至50%,南美冰川面积已由1950～1980年的2700～2800km^{2}消减至20世纪末的不足2500km^2(Kaser G,2002),中国近几十年西部冰川持续退缩,根据李忠勤等对天山1号冰川(中国科学院天山冰川观测试验站)的观测资料分析与预测,得出的初步结果表明：在现有气候条件不变的情况下,该冰川在2320年左右存留的面积与体积将大大减少,仅仅只能维持现有规模(2006年)的16%与7%。如果按IPCC 2001报告中几种气候变化情景所做的预测来计算,该冰川的面积与体积将在未来35~55年间缩小一半,相应冰川融水的年径流量预计在未来40~60年间将减少到目前量值的一半,会使河川径流的补给及其季节调节能力大大降低,更为严重的是到下一世纪,即未来100~160年内,天山1号冰川将完全消失,将对其下游的绿洲水资源供应造成不可逆转的水危机。

(二)气候变化对水资源的影响特征

1. 水资源供需与管理

在全球气候变暖的背景下,中国六大江河径流量减小,未来需水量保障在人口增加和气候变化下的不确定性增加,中国水资源供需紧张的矛盾将加剧。这个矛盾在北方地区更为突出,及时开展水资源系统对气候变化的脆弱性评估和水资源承载力分析尤为重要。气候变化带来水文循环的变化,引起水资源在时空上的重新分布和水资源数量的改变,给中国的水安全带来威胁,水资源管理难度增加。水资源供需与管理研究既是国家急需,又是重大科学问题。

2. 与水相关的生态与环境变化

在全球气候变暖的背景下,许多地区的湖泊和河流水温上升,对水热力结构和水质产生影响,加之河川径流量减小,使水中化学成分浓度增加,在水温升高和径流减小的双重影响下,河流水质受到严重的影响。水温和水质的变化使湖泊中藻类和浮游动物增加,河流中鱼类的分布发生变化并提早迁徙。以太湖为例,过去太湖蓝藻一般发生在7~8月,但2007年5月底,太湖就爆发了大面积的蓝藻,而2008年4月初蓝藻再次提前出现,虽然不能确定气候变化和太湖蓝藻出现的时间和程度之间的定量关系,但是气候变化下的河流水质问题值得我们关注和研究。此外,气候变化下河川径流的减少对生态需水量产生严重影响,黄河、海河、淮河径流量的减少引起的生态和环境恶化已有目共睹。

（三）区域水循环对气候变化的响应特征

1．非线性

根据黄河流域过去50年水循环变化的研究（刘昌明，2004），从黄河流域下游花园口站以上流域平均年降水量与天然径流深的资料统计可以发现：20世纪90年代的年均降水相比50～80年代的年均降水减少8.6%，但同期天然径流深却减少了39.9%，相差很大，呈现出一种非等比例的变化。究其原因应是多方面的，其中主要包含着变化的非线性响应特征。在全球气候变暖的背景下，降水、气温等气象要素的变化引起了径流的变化，但是径流对降水、气温变化的响应并不是呈现简单的线性关系。通过大量坡面降雨试验已从微观尺度上揭示了径流率随降雨率的非线性变化的现象。另外，从宏观方面根据流域降水径流观测资料，采用流域水文模型的方法，进行径流量对降水和气温变化的响应的模拟分析，同样证实年径流与年降水与年气温之间的关系是非线性的。

2．区域差异性

水资源对气候变化的响应因区域而异。从全国来看，中国六大江河年径流量都呈减少趋势，但是新疆内陆河流域1998～2005年实际上经历了一个暖湿期，气温上升，降水和径流也在增加，新疆以东地区降水和径流却仍然减少，这个现象展现出不同地区在当今全球气候变化下水资源的变化因气温与降水的不同而出现区域响应的差异性，被称为水资源对气候变化响应的地理分异性，也就是说全球变暖下的水资源变化存在着地区差别。因此，水资源对气候变化响应不能一概而论，应该进一步研究水资源响应的区域差异性，并与时间演化密切结合。

3．极值化特征

在气候变暖的背景下，洪水与水资源极值的变化很明显，主要反映在洪涝与干旱等极端事件发生的程度和频率上，如干旱或洪涝的程度增加，出现时间比过去更长等。已有的研究，如《中国21世纪议程》曾指出，全球气候变化对中国水资源的影响在北方河流可能出现长达20年左右的枯水期,南方的河流则可能出现大洪水,全国旱涝灾害将更趋频繁。近50年来中国主要极端天气气候事件的频率和强度出现了加强的趋势,特别是进入20世纪90年代以来,中国多次发生流域性大洪水和大范围干旱,例如,1991年江淮大洪水,1998年长江和松花江大洪水,2003年淮河大洪水,2005年西江和淮河大洪水,2006年川渝百年不遇的大旱,2007年淮河仅次于1954年的大洪水,2008年南方地区春季大雪及夏季洪涝等,旱涝灾害给中国的社会经济发展带来重大损失。气候变化下这种极端事件发生的频率与强度变化是一个科学难题,需要进行长期深入的基础研究。

4．复杂反馈性

水、气关系是一个复杂的系统。系统中任何要素的变化都会牵一发而动全身。例如,一般认为,气温升高可能会使蒸发量上升,我们常用蒸发皿蒸发量来代表水面蒸发的量值,但其实际结果却是相反。目前蒸发皿实测序列的研究结果均表明,就平均状况而言,在近50年中北半球蒸发皿蒸发量呈稳定下降的趋势。在中国亦不例外,仅以黄河流域为例,1960～2000年黄河流域年平均温度呈上升趋势,蒸发皿蒸发量观测值却呈明显下降趋势,仅此一例说明这里存在复杂的反馈机制。当然,蒸发皿蒸发量的下降只是气候变化下水资源复杂反馈机制表现的一个方面,其他方面的复杂反馈机制也应考虑前述的"牵一发而动全身"。

5．不确定性

全球气候模型对于预估大尺度未来全球气候变化来说,是目前最重要也是最可行的方法。利用全球气候模型的输出结果,结合水文模型,分析不同气候变化情景下流域(区域)水文循环过程的变化及其水资源效应是当前研究气候变化对水资源影响的一个重要手段。随着计算机能力的快速提高,气候模式模拟的时间跨度可以进一步扩大,空间尺度进一步缩小,但不确定性也随之增加。同时,海洋环流模式、海冰模式和各类耦合模式等迅速发展,气候模式向着积分时间更长、空间分辨率更高和对各子系统描述更精细的方向不断发展。无论如何,气候的复杂性和资料的有限性决定了气候模拟中必然存在缺陷,模式的不确定性是客观存在的,此外数值模拟这种研究手段所固有的不确定性问题在气候模拟中也越来越突出。在预测未来气候情景时,除了全球气候模式本身的不确定性外,还有未来温室气体排放情景的设置和一些应用技术(如降尺度技术)的不确定性,这些都影响未来气候预测的精度。从多个全球气候模型对东亚区域气候模拟的总体效果来看,气温的模拟效果优于降水,冬季的模拟效果优于夏季,模式大致可以模拟出气温与降水的分布趋势,但数值上差异较大。

二、人文因素的影响特征

越来越多的科学家认为:地球已经进入一个崭新的发展时期——"人类纪",其基本特点是人类对环境的影响并不亚于大自然本身的活动。当代人类活动的范围、规模和强度空前增长,对水文过程的影响或干扰越来越大。其中最主要的是各种人类活动对水循环、水量平衡要素及水文情势的影响或改变,又称为人类活动对水文情势的影响,这种影响或改变已经远远超越了水文的自然变化速率。

人类活动对自然环境的影响遍及水圈、大气圈、岩石圈和生物圈四大圈层,水文过程是四大圈层之间的纽带,使得它们相互联系、相互作用,在地球表层共同形成开放的、复杂的、动态的、非线性的地理环境系统。人类的一切活动无不直接或间接地与水有关,早期人类对水的需求比较单一,量也不大,对水的调控能力也非常有限,因此对水文要素的影响比较微弱。但是随着人类社会的不断发展,特别是20世纪中期以来,全球人口膨胀,工业化、城市化加剧,水资源承受的压力不断增强,已经出现了一系列的水问题。

(一)人类活动对水资源的影响

国内外大量研究已经表明,广泛而深刻的人类活动可通过

多种形式、多种过程对水资源产生广泛而深刻的影响作用，主要
包括：

——人类活动大量提取和使用水资源，减少河流、湖泊和地
下水的天然数量，改变水文情势，影响地表水、地下水、大气水和
土壤水之间的相互转化，在原有自然水循环的基础上增加了社
会水循环，使得水循环过程变得更加复杂。

——工业、农业和城市生活废水的排放，尤其是各种有毒、
有害物质（例如，重金属、无机物、农药、化肥、微生物等）的排放，
其结果是污染水体、恶化水质、破坏水环境质量。

——土地利用/覆盖的变化，如森林砍伐和营造、草场垦殖和
放牧、沼泽疏干与耕垦、农田灌溉、水体养殖等，时空分布极为广
泛，不仅对河流、湖泊、地下水等水体的水量产生直接的影响，而
且改变区域气候条件，是局地降水、蒸散发、入渗、产流、径流等
水文过程改变的重要原因，同时，还通过点源污染和非点源污染
两个途径造成水环境问题（图1-5）。

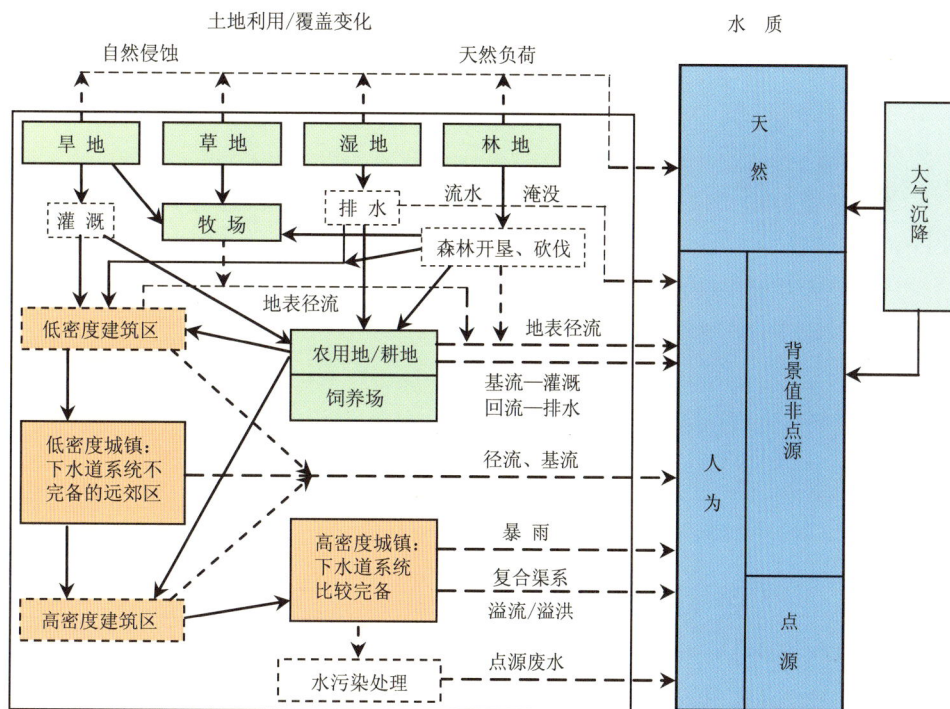

图1-5 土地利用/覆盖变化对水环境的影响
资料来源：Novotny V. 2003. WATER QUALITY: Diffuse Pollution and Watershed Management.
Hoboken, New Jersey: J.Wiley & Sons

——大量修建水利工程,如水库、蓄洪区、防洪堤坝、水闸、大型水电站等,而且通过航道整治、修建排灌站、河网整治以及跨流域引水等方式直接改变河流、湖泊的水流及地下水水文情势,是水资源时空分布、水环境质量与水生态功能改变的重要原因。

——城市化、工业化过程的影响,包括城市扩展、工矿企业发展、开辟工业区、修建交通设施等,这些都大大增加了不透水地面的面积,削弱土壤蓄水能力,改变蒸发能力,加大地表径流,加剧洪水威胁;而且使地表下渗量减少,改变地下水的天然排泄通道和补给条件,加剧地下水位的下降。另外,城市区域天然河道的整治、渠化、裁弯取直等,虽然能够加速洪水的排泄,但是改变了水流性质和水质,并影响河流的生态条件。

——广泛的人类活动在不同的时空尺度对海洋环境造成的巨大影响。在区域尺度,修建港口、航行、捕捞、养殖、石油溢出,以及陆基人类活动(如污染物排海)都会直接改变海洋环境。在全球尺度,人类活动加剧全球变化,并进而影响到海洋的物理环境以及生物地球化学过程,例如,人类活动加剧全球变暖,成为海平面变化的重要原因;工业社会以来全球二氧化碳含量不断增加,海洋中的二氧化碳溶解量随之增加,继而导致海水pH的变化。

上述人类活动的水文效应在中国表现得尤为深刻,其原因在于:中国是一个人口大国,人口密度高,经济社会发展历史悠久,各种人类活动的广度和深度都异常突出,其影响作用自然广泛而深刻。例如,华北地区在中国经济社会发展中占据了极其重要的地位,但是这一区域水资源短缺,近年来地下水超采问题突出,尤其是补给缓慢的深层地下水,超采尤为严重,形成了以天津和沧州为中心的大面积深层地下水漏斗区,以及以北京、保定、石家庄、邯郸、濮阳等为中心的浅层地下水下降漏斗区,目前华北地区浅层、深层地下水超采形成的漏斗面积总计已达11万km^2。地下水位的持续下降,引发了一系列的环境问题,包括河湖干涸、地面沉降、海水入侵等；与此同时，该区域工业和城市发展迅速，污水排放量日益增加，环境容量不足，自净能力下降，地表水与地下水水质恶化的问题非常严重。

（二）中国经济社会发展长期态势

改革开放以来，中国经济持续快速增长，社会文化不断进步，国家整体面貌与人民生活水平都发生了历史性的变化，但总的来说，中国仍处于社会主义初级阶段，仍然是世界上最大的发展中国家，经济社会发展的长期态势将表现出如下基本特征：

——人口变化。根据国家计划生育委员会等机构相关研究资料，21世纪前期中国人口将按照中等生育率和中等死亡率变化，2010年全国总人口接近14亿，2020年为15亿左右，在2030年前后达到人口峰值，约为15亿～16亿，此后较长时期内，如到2050年，全国总人口将基本维持在15亿左右。

——工业化进程。中国工业化的历史任务尚未完成，多数经济学家的总体判断认为中国还处于工业化中期阶段。工业化和现代化的任务仍很繁重，既要加速推进工业化，又要尽快赶上世界新技术革命的步伐。预计在2020～2030年中国将进入工业化后期阶段。

——区域差异。中国存在着极为严重的城乡差异和区域差异，近年来，虽然实施了西部大开发、东北老工业基地振兴、中部崛起等区域发展战略，但是区域间差距扩大的趋势并未得到根本性扭转，全球性金融危机则更进一步加剧了区域发展的差距。抑制差距扩大尚未实现，缩小差距的目标自然更难以在较短时期内实现，区域发展的不均衡以及由此所引发的资源、环境等方面的矛盾更将长期存在。

——城乡差异。城乡二元经济是中国的一个根本特征，农村经济社会发展以及居民生活水平等均严重落后于城市区域，而弥补和削弱这种差异的主要途径在于推进城市化。20世纪90年代以来中国城市化进程突飞猛进，2008年城市化率已经达到45.7%，如果按照这种发展趋势，中国2020年城市化率可望达到60%左右,将超过世界平均水平,但仍然明显低于发达国家水平,到2030年,中国的城市化率将超过65%(目前世界城市化率已超过50%,发达国家则普遍在80%以上,据预测,2030年世界城市化率将超过60%)。

——国际竞争力。目前,中国的经济总量已经跃升为世界第三位,经济实力总体可观,具有一定的国际竞争力,但是人均GDP却只有2000美元,属于下中等收入国家,仍居于世界后列,还是一个穷国,究其原因,主要在于科技发展的整体不足、产业发展中原始创新能力的不足以及由此所决定的生产力水平的整体落后,这种状况决定了中国经济发展的质量不高,国际竞争力有限,难以满足人民生活水平进一步提高的现实需求。

第三节　中国水问题发展趋势的判断

对水问题发展趋势的判断,关键是认识中国用水量的长期变化趋势,也就是水资源问题的趋势预测。我们应该从多个侧面审视中国的用水量长期变化趋势。

——观察发达国家的需水变化过程可以很好地反映中国未来的用水量变化趋势。发达国家用水量普遍经历了迅速增长、缓慢增加、停止增长甚至下降的发展过程,例如,日本全国用水量已经于20世纪70年代趋于平稳,2000年以来则是负增长;美国也在80年代初即出现了需水零增长。如前文所述,中国近年来用水总量的增长率已经很低,农业用水比重持续下降,生活用水和工业用水的比重呈缓慢增长趋势,中国用水的历史轨迹已清楚表明中国用水进入了缓慢增长的阶段,距离停止增长甚至负增长已并不遥远。

——分析市场经济对用水量变化的影响作用。水价的上升对用水有明显的抑制作用,提高水价对工业用水的抑制作用非常显著,中国正在向市场经济转型,遵循市场经济的原则,工业用水上升的势头会进一步受到抑制,甚至会转而下降;农业用水方面,中国传统的灌溉方式仍在造成大量的水资源浪费,节水农业、低成本农业远未实现大范围的普及,如果真实反映农业用水的水价,再加上农业节水技术的促进作用,则农业用水总量及其比重大幅度下降的可能性将是非常明显的。

——考虑用水量与产业结构升级之间的关系。绝大部分发达国家都在20世纪七八十年代经历了工业用水量(指淡水取用量)的减少,其深层次的原因是更严格的环境保护标准和产业结构调整。发达国家工业用水的下降与"产业空心化"(指将劳动-资本密集型行业转移,代之以技术-知识密集型行业)过程的到来关系密切,尤其是以重化工行业规模的萎缩为标志;中国台湾、中国香港、日本和韩国等国家和地区均表现出了工业用水随产业结构升级而减少的规律。

如前文中所述,中国总体上还处于工业化中期阶段,并预计将持续10~20年时间,另外,快速城市化也将延续相当长时间。因此,根据保守的估计,可以综合判定中国将在2030年前后跨越用水量的最高峰。而且,考虑到愈接近顶峰增长率则愈低的基本特征,通过趋势外推,大体可判定至2030年前后,预计中国的用水总量高峰在6500亿m^3/a上下。

在对用水总量变化趋势分析的基础上,判定水资源问题的总体趋势如下:全国用水总量将继续缓慢增加并逐渐趋向稳定,水资源利用效率会不断提高,但在很长的一段时期内仍将显著低于国际先进水平;供水安全将越来越受到水质的严重影响;流域水资源配置冲突面临不断加剧的压力,并将大大影响到流域生态服务功能的维持和发展;水资源供应及利用受气候变化影响的不确定性增加,水资源供应能力区域差异显著,特别是华北和东北等区域干旱化趋势显著,将进一步恶化水资源供需矛盾,不少区域水土匹配不协调、现有开发程度过高、节水潜力不足等问题将有可能进一步升级;在北方、沿海及部分城市存在长期性的水供需矛盾。

在对水资源问题总体趋势进行判断的基础上,分别对水环

境问题、水生态问题、水灾害问题和水管理问题的总体趋势进行判断,分别如下:

——水环境问题发展趋势。结构特征方面,工业废水排放具有污染物浓度高、类型多、性质复杂、治理难度大、成本高等特点,目前仍尚未得到很好的控制,而且工业还在迅猛地发展,工业废水治理任务将日益艰巨,另外,自1999年开始生活污水排放超过工业废水排放,污水排放总量不断增加,城乡生活污水的治理任务也在不断加重;污染物类型不断增多、数量不断累积,正在进入复合污染和富营养化阶段,农村面源污染造成的压力不断增加,部分地区地下水污染日趋严重;流域性和区域性水环境问题凸显的态势不断增强,短期内仍难以扭转流域水质总体趋于恶化的趋势;水污染事故开始进入高发期,环境健康问题日渐突出;北方地区不断紧张的水资源供需矛盾将进一步加重水环境问题,而南方地区水质性缺水问题也将日益突出,普遍存在饮用水安全问题,形势相对严峻。总的来说,未来一段时期内,水污染、水环境问题仍将是中国程度最严重、影响最突出的水问题。

——水生态问题发展趋势。水土流失依然严重,未来时期的治理难度将不断加大;水资源过度使用局面将持续存在,特别是北方河流的水资源使用率有可能持续攀高,或者继续维持高位水平,南水北调工程将在一定程度上缓解北方水资源供需矛盾及河流断流现象;水电资源开发和调度不合理,小水电无序开发,挤占河道生态用水,影响河流生态服务功能,减少生物多样性等;地下水超采严重,造成地面沉降、海水入侵;天然湿地退化、湖泊萎缩的趋势难以在较短时间内得到扭转,并将进一步加剧水生生态系统恶化和危及生物多样性。水生态问题的严重性及其所造成的影响和危害将不断增强。

——水灾害问题发展趋势。水灾害是水资源、水环境、水生态等方面问题的极端性表现,其基本的发展趋势同时受到水管理方面的影响,基本的判断是:在全球气候变化背景和不断增强的人类活动的影响下,干旱与洪涝灾害的频率、强度和空间分布将会发生较为明显的变化,水灾害与环境地质灾害的伴生与重叠特征将会增强,水灾害的危害性及其不确定性将会明显增强,极端天气气候事件引发的水灾害以及突发性水灾害事件的几率将会大大增强等。

——水资源综合管理及相关问题。中国面临的水危机实质是管理与技术的综合性危机;制度与技术对水管理而言同等重要,亟待从这两个方面入手强化水管理能力。近期应将有效解决水污染问题作为水管理的优先任务;国家和流域层面管理体制机制的改革创新进程将在很大程度上影响深层次水问题的解决,其中,水管理的相关制度安排及其冲突缓解、综合性水政策的制定和经济激励政策的完善、涉水规划的法律地位的明确将是今后的重点工作。

第二章

国内外水科技领域发展现状

对水循环过程的认识是水科技发展的基础。"水"兼有资源、环境、生态、经济、社会、文化等多重属性和多种功能,在满足经济社会发展、维持生态系统完整性和生物多样性等方面的作用是任何其他自然资源都难以企及的。但是,水资源具有利害二重性特征,水过多会带来洪涝灾害,水过少会出现旱灾,水被污染则导致环境退化,而水量与水质的异常变化则又会影响甚至破坏生态系统;同样,在对水资源的开发利用方面,科学的、合理的利用方式有利于促进水资源的可持续性,而不合理的开发利用行为则会加剧各种水问题。水循环形成了生物圈的"血液系统",土地、水和生态系统之间存在着多种生物物理联系,而水循环则是这些联系赖以实现的基础,但是,人类通过干扰自然的水循环过程(在其基础上叠加了社会水循环)而严重影响了这些生物物理联系。值得指出的是,在环境退化的过程中,水实际上扮演了极为重要的角色。但是目前,这一点仍为多数人所忽视(傅伯杰等,2005)。

20世纪90年代以来,在经济社会进一步持续快速发展的同时,中国逐渐加强了对资源、环境和生态问题的重视力度,其中,治水理念和思路的转变推动了中国水政策和水资源领域科技的跨世纪创新与发展。进入21世纪以来,中国处于全面建设小康社会阶段,遵循以人为本、构建和谐社会、倡导生态文明等先进理念已经深入人心。但是,不可回避的现实在于,与发达国家相

中国至2050年水资源领域科技发展路线图

比,中国尚处于工业化阶段,经济起点低,区域发展和城乡发展不平衡,人口基数大,农业生产水平落后,工业化、城市化进程迅猛,所有这些因素都对水资源、水环境形成了极大的压力,并决定了中国在水资源领域科技发展方面面临着比发达国家更复杂的问题和更严峻的挑战(刘宁等,2006)。

科学前沿和需求导向是各种科技发展的两大基本动力。前述中国水问题的基本特征及其发展趋势无疑构成了水科技发展的需求导向,在此基础上,本章将详细总结国内外水科技发展的动态与趋势,目的是准确把握水领域的科学前沿,并总结出当前主要的科学难题与重要技术。

第一节 国外发展现状

水资源领域科技跨越了基础科学、应用科学和工程技术等不同层面的研究,具体到学科方面则包括大气科学、地理学、地质学、水文学、海洋科学、生态学、农学、林学、水利工程、环境科学技术、安全科学技术、测绘科学技术、计算机科学技术等,是多学科交叉研究的热点领域。

水循环一直是水资源、水生态、水环境、水灾害和水管理等方面科学问题研究的基础和前提,利用各种先进的方法和技术,对区域和流域水循环的研究是其中的重点和焦点,主要的研究方向包括:多时空尺度水文水资源与水循环过程综合监测的方法和技术、大气-地表-土壤-地下等不同圈层中水资源的形成和演化机理、水资源与水循环的时空格局特征、水资源可再生性维持机理、区域及流域水循环的主要控制因素及演化趋势、水资源与生态系统之间的关系、气候-经济-水文系统相互作用等。

水资源问题引起全球关注,主要是在20世纪后半叶以来几十年。1977年召开的世界水会议将水资源提到了全球的战略高度加以考虑;1987年世界环境与发展委员会的报告中指出:水资源正在取代石油而成为在全世界引起危机的主要问题;1992

年联合国环境与发展大会促进了面向可持续发展的水资源价值观和方法论的提出与初步形成。国际学术界对水资源问题的响应迅速而强烈,在基础科学、应用技术等方面开展了大量的研究,并取得了显著的进展(国家技术前瞻研究组,2005;夏军等,2005;张春玲等,2006;郭日生等,2007;张凯,2007),以下将分别进行介绍。

一、基础与技术研究

主要体现在水文水资源监测和模拟技术的迅速发展,以及气候变化对水资源和水循环影响等方面研究。

在水文监测领域,主要是伴随着全球定位系统(GPS)、遥感(RS)、地理信息系统(GIS)、雷达、同位素示踪、定点观测和监测、现代通信等高新技术的兴起而在信息采集、传输和处理等方面得到了长足的进步。

在水文模拟技术方面,初期较多的是集总式的"灰箱"模型,之后,随着国际水文计划(IHP)、世界气候研究计划(WCRP)、国际地圈生物圈计划(IGBP)等一系列国际水科学研究计划的开展,变化环境下的水循环和伴生过程的模拟,以及相关联的水资源评价等技术得到了空前的发展。近年来,主要在GPS、RS、GIS、数字高程模型(DEM)、计算机工程、航测、雷达等高新技术的基础上逐渐产生和发展的分布式水文模型成为研究的焦点,在参数信息获取与表达、时空尺度扩展与转换、时空分辨率的提高、模型校验与不确定性分析等方面都取得了显著的进步,而且,在其基础之上的污染物扩散模型、土壤侵蚀模型、土地利用/覆盖变化模型、水生生态系统模型等也都得到了迅速的发展,水文模型和多方面专业模型的耦合与关联技术已逐渐成熟,并成为水文学模拟技术的主要发展方向之一,在水资源评价、洪水预报和调度、水利工程影响评价、污染物迁移转化、水土流失监测、水生生态系统研究等方面发挥了巨大的作用。

在气候变化对水资源、水循环和水安全的影响以及水系统的反馈等的研究方面,地球系统科学联盟(ESSP)实施的全球水系统计划(Global Water System Project, GWSP)、联合国教科文组织(UNESCO)的国际水文计划(International Hydrological Programme, IHP)、全球水循环集成观测(Integrated Global Water Cycle Observations Theme, IGWCO)、世界水文监测系统(The World Hydrological Cycle Observing System, WHYCOS)、全球能量和水循环实验(Global Energy and Water Cycle Experiment, GEWEX)等最具代表性。IPCC相关报告对气候变化的影响作用进行了系统的总结,表明全球气候变化对流域水量平衡、区域水资源供需、洪水与干旱频率、农业灌溉水量、供水系统可靠性与恢复性,以及水质和水生态等都存在着显著的影响作用,而且,全球气候变化的影响具有明显的时空变异性和不确定性,加剧了水资源问题的严重性和危害程度。

二、应用研究

应用技术方面的内容十分广泛,主要包括水资源时空调配、水污染治理与控制、水生态修复与保育、水资源节约利用、非常规水资源开发等方面的技术。

20世纪70年代以来,发达国家已经越来越重视在淡水资源开发的基础上发展污废水、海水、低盐水、洪水等替代性水资源的开发利用以及水资源综合调配措施和技术。例如,以色列已经实现了全部生活污水以及72%城市废水的再生利用;美国有357个城市在回用污水;沙特阿拉伯具有全球最大的海水淡化工程,日产水达45万t;日本大力调整工业布局,将高耗水、高污染的重工业转移至沿海,充分利用海水资源,实现了水资源与产业格局之间的优化配置;美国发展了洪水管理技术,不仅利用了洪水的生态环境功能,而且减轻了洪水灾害压力;日本、德国等也都发展了雨洪收集和就地利用方面的理论与技术体系,日本在城市屋顶修建用雨水浇灌的"空中花园",德国出台雨水利用设施标准并已发展了第三代雨水利用技术等都是比较典型的例证。

在节水技术方面,农业节水技术是世界各国发展的重点。例如,以色列已经发展并推广了第五代高效灌溉技术,农业灌溉水利用率已经高达85%以上。在工业节水方面,高效换热技术、热工系统节水技术得到了迅速发展,降低了冷却水需求量和损失量,而水闭路循环工艺技术、冷凝水回收回用技术、回用水系统优化与水质稳定技术等的发展则大大提高了水的重复利用率。在生活节水器具开发和普及方面,美国、澳大利亚和日本等国家也一直走在前列。例如,美国在20世纪80年代就开始推行全国性强化节水行动,有关部门将精力集中到节水器具的研制和开发上,安装和更换室内节水器具成为美国节水采取的主要措施,1988年马塞诸塞州率先对新安装的抽水马桶一次冲水量做了限制,随后,14个州也跟着仿行,其中许多州还要求更换节水型的淋浴头和水龙头,节水型生活器具的研发和推广起到了"节水减污"的双重作用。

在水环境、水生态调控方面,西方国家非常重视在末端治理基础上的源头治理调控措施,并逐渐发展了比较成熟的清洁生产技术体系。目前,清洁生产已经成为一种国际性行动,美国、法国、加拿大、日本、德国、丹麦、韩国等在清洁生产技术及其示范方面走在前列。清洁生产强调清洁高效的能源和原材料利用、清洁的生产过程以及清洁的产品三个方面的技术,以减少废污水和污染物的排放。除此之外,面源污染防治也是西方国家水环境、水生态调控的重要手段,目前,许多国家已经严格削减和控制多种有害物质的生产和使用。例如,美国、日本和西欧等国家和地区非常重视化肥、农药、洗涤剂的削减与控制;美国早在1973年就开始实施清洁水法案,阻止了数十亿磅的污染物排入水体,来自工厂、下水道、污物处理厂和土壤侵蚀的污染也得到了有力的控制。在水生生态系统的保护方面,国际上高度重视生态需水等方面的研究和实践,美国早在20世纪就发展了河流生态流量的计算方法,基于长期的监测和调查资料,制定河流、湖泊水位与流量等方面的标准,以达到保护生态系统的目的。澳大利亚、南非等国家在生态需水实践方面也取得了显著的进展,在方法和技术方面日益成熟,并促进生态需水逐渐从科学研究发展到政策执行阶段。

三、管理方面

国际上比较重视水资源综合管理及信息化,在传统的定点观测信息的基础上,大力发展了3S(GPS、RS、GIS)技术在水资源监测与管理中的应用,使得水资源管理实现了时间动态化和空间立体化特征。例如,全球综合地球观测系统(The Global Earth Observation System of Systems,GEOSS)于2005年制定的未来10年执行计划中,将"水"作为其十大观测领域之一,核心任务是通过集成与观测,更好地认识和理解水循环,并提高水管理能力;观测内容包括降水、土壤水分、径流、湖泊与水库水位、雪被、冰川、蒸散发、地下水、水质与水利用等;确立的目标是巩固现场观测网络和数据自动采集系统,弥补观测空白,集成观测、预测和决策支持系统等技术手段,同化气候等要素信息,提高水资源综合管理能力。

目前,"环境-经济-社会-水文"耦合系统的综合研究已经成为基本的趋势,多目标决策方法、模型模拟技术、基于规则和专家知识的各种决策支持系统得到了快速的发展和普遍的应用,促进了水管理决策技术的发展。在加强技术研究的同时,许多国家或地区充分强调流域综合管理的重要性,探索和发展了集政府调控、市场引导和公众参与"三位一体"的流域综合管理模式,不仅减轻了政府负担,而且大大提高了管理效率。

另外,国外也特别重视水资源需求管理的研究,尤其是研究如何将市场机制(如价格和水权交易制度)引入水资源管理和分配中,通过发挥价格杠杆和激励机制的作用来调节水资源的需求,缓解水资源的供求矛盾。研究也表明,将水价和水权交易引入水资源管理和分配体系中,并不意味着不需要政府的干预,相反,由于水资源利用存在着较强的外部性和不可替代性,这就要求政府适时地采取恰当的经济、行政和法律手段来调节和干预商品水市场,使其健康发展,提高全社会的用水效率。

第二节 国内发展现状

中国历来比较重视水资源领域基础理论和机理以及国家重大实践需求两个层面的研究。

在基础研究领域,国家重点基础研究发展规划设立了多个水相关的项目,"九五"期间有"黄河流域水资源演化规律与可再生性维持机理"、"首都北京及周边地区大气、水、土环境污染机理与调控原理"等,"十五"期间有"长江流域水沙产输及其与环境变化耦合机理"、"东北老工业基地环境污染形成机理与生态修复研究"等,"十一五"期间又将水资源与生态水文过程作为重点支持方向。

科学技术部在"六五"到"十五"期间一直将水资源技术相关课题和项目列入重点科技攻关项目范围,主要针对华北水资源问题、西北水资源可持续利用和生态环境保护问题、水安全保障关键技术等进行了大量的研究和攻关,在流域生态需水标准、水资源调配、海水利用技术、污水利用途径、洪水利用途径、人工降雨技术等方面取得了长足的进步。

另外,中国科学院、中国工程院及其他部委还开展了大量的科学研究及咨询项目,例如,中国可持续发展水资源战略研究,中国北方缺水地区农业水资源高效利用与饮水安全战略研究,西部地区水资源配置、生态环境建设和可持续发展战略研究,东北地区水土资源配置和生态环境保护战略咨询项目,中国水土流失与生态安全综合科学考察,等等。

一、基础研究

通过多年的研究,中国在水资源领域科技取得了一系列的进展(郭日生等,2007;张凯,2007;刘宁等,2006;国家技术前瞻研究组,2005;夏军等,2005;石玉林等,2001),主要包括以下几个方面。

在水文监测方面,早在20世纪90年代初,定位观测就已经遍及中国的主要陆地水体,包括冰川、湖泊、沼泽与小河流的降雨径流、土壤水与地下水。比较著名的台站以山东禹城水循环与水平衡试验站、太湖试验站、东北三江平原沼泽试验站与西北天山冰川试验站等为代表,这些试验站纳入了中国生态系统研究网络,该研究网络覆盖了中国主要的生态类型区,为中国地理水文的理论与应用研究提供了最有力的支撑,试验的内容不仅包含了所有的水文要素的试验观测,而且结合了能量与溶质等不同地理地带的生态与环境条件的研究(刘昌明,1994)。

在水循环模拟技术方面,中国起步略晚,但发展迅速,形成了一些具有自主知识产权的流域水循环模拟技术,如早期的新安江模型、陕北模型等集总式概念模型,近期的"天然–人工"二元驱动作用下的黄河流域水资源演化模型、流域水循环综合模拟系统(HIMS)和分布式时变增益水循环模型(DTVG)等。

在水资源评价方面,20世纪80年代初中国完成了第一次全国水资源评价,提出了包括地表水、地下水在内的水资源评价方法和技术,21世纪初又进行了第二次水资源评价。目前,在包括径流性水资源和土壤水等有效水分在内的广义水资源评价的方法与技术方面进行了更为深入的探讨,并取得了大量的成果,在区域和流域水资源开发利用实践中发挥了巨大的作用(刘昌明,2009)。

在以往科研及实践积累的基础上,近十几年来,中国针对水资源、水循环等基础研究领域进一步开展了大量的研究工作。在大气水循环方面,对降水特征、气候系统稳定性、降水敏感区、区域蒸散发、水面蒸发、植物蒸腾、云物理、水汽来源等问题开展了大量的研究;在流域水循环方面,对土壤–植被–大气系统(SPAC)对水循环影响机理(刘昌明,1997)、干旱区水分–生态相互作用机理、干旱区生态需水量计算、遥感和地理信息系统技术应用、地表水与地下水评价等问题开展了大量的研究;在水循环的生物过程方面,对森林水文生态、坡地水文学、防护林水土保持效益、水生生态系统净化作用等开展了大量的研究;在社会经济与水循环方面,对水资源安全、可持续水资源管理、水管理体制/制度与效率、社会经济系统对水循环的影响、水环境与水质等开展了大量的研究。

进入21世纪以来,中国先后开展了多项具有重大影响力的科研项目,例如,国家重点基础研究发展计划(973)"黄河流域水资源演化与可再生性维持机理"和"海河流域水循环演变规律与水资源高效利用",国家科技攻关计划项目"西北地区水资源合理开发利用与生态环境保护研究"、"东北地区水资源全要素优化配置与安全保障技术研究",国家自然科学基金项目"水循环过程与水资源可持续利用",以及中国科学院系统开展的"中国华北水资源变化与调配"、"华北地区水循环与水资源安全"、"西部生态环境演变规律及水土资源可持续利用研究"等。这些科研项目的共同特点是:以水循环演化研究为基础,以水资源可持续利用和生态环境保护为目标,开展多学科交叉的综合研究。在此,以"973"项目"黄河流域水资源演化规律与可再生性维持机理"(G19990436)第一课题"黄河流域水循环动力学机制与模拟"(G1999043601)为例进行介绍,该课题主要利用遥感和地理信息系统技术,推求水循环过程中的水文参数,包括土壤水分、蒸发等,分析这些水文参数与土地利用、气候变化的关系,研究黄河流域水循环要素的时空分布规律,具体研究内容及所取得的成果见专栏2-1。

专栏2-1 "黄河流域水资源演化规律与可再生性维持机理"的研究内容及成果

黄河流域水循环动力机制与模拟(G1999043601)主要进行了三个方面的研究工作:

1. 产汇流机理研究和水循环研究

成果之一:室内汇流实验研究进展。汇流实验主要体现在两个方面:一是在均匀降水实验的基础上,进行了时间、空间不均匀降水实验,

实验总场次达到400场以上;二是在总结实验结果的基础上,选择了野外典型流域的汇流特性,建立水文模型,研究非均匀降水的特点并在野外典型流域进行验证。具体有以下进展:

1) 在均匀降水条件下,降水历时的作用存在一个临界阈值,这个阈值就是流域的全面汇流时间。小于这个阈值则非线性作用显著,大于这个阈值则影响很小或没有影响。

2) 降水强度的非线性作用有一个较为模糊的临界区间,小于这个区间则非线性影响强烈,大于这个区间,则影响减弱,但是并不完全消失。

3) 在非均匀降水前提下,降水历时和降水强度的非线性作用同时存在,但是降水历时的作用起主导作用,而降水强度的非线性作用则可以当作一种亚特征来看待。

4) 选择野外的典型流域对14场非均匀降水的产汇流特点进行分析后发现,以上第三点研究成果在野外流域可以得到验证。

成果之二:典型流域产汇流研究进展。主要研究了小理河、黑河、皇甫川、汾川河、伊洛河、沁河、合水川和河源地区等八个典型流域的产汇流特点。

1) 小理河流域年径流量、7~10月径流量的变化与降水量的变化趋势不一致,降水量呈逐年代减少的趋势,而径流量在20世纪60~80年代逐渐减少,90年代有所增大,但还未达到60年代水平;7~8月径流量的变化与降水量的变化趋势一致。与60年代相比,70、80、90年代年均降水量减少的幅度并不大,分别只有19%、14%、22%;年径流量减少的幅度较大,分别为32%、40%、22%;年均输沙量减少则非常显著,分别为75%、85%、43%。这种变化从一定程度上反映出70年代以后小理河流域水沙量的减少,除降水偏少外,兴建水利水保工程等人类活动也起了一定作用,并且人类活动的减沙作用大于减水作用。流域70年代后兴建的水利水保工程减小了小洪水年份的径流量,对大洪水年份影响不大,故对70、80年代的减水减沙作用比对90年代大,而且水利水保工程都有一定的防御标准,如遇大暴雨有可能出现溃坝现象,反而加大径流量。

2) 洛河流域径流量的变化与降水量的变化趋势基本一致。除20世纪80年代外,各年代降水量、径流量呈减少趋势,特别是90年代,降水量、径流量最小。径流量的减幅远大于降水量的减幅,表明了流域径流除受降水影响外,还受人类活动的影响。流域一系列治理措施减小了本地区产流能力。相同降水条件下径流量大幅度减少,大洪水发生的次数在不断减少,洪水出现频次、洪峰流量、次洪水量随年代大幅度减少。

流域产流具有蓄满和超渗的特征。受人类活动的影响,流域下垫面发生了显著变化,产流特性更加复杂。由于流域水利水保工程是有一定防御标准的,中常降水条件下,拦水作用较大,但对大暴雨减水作用相对减弱。因此,如遇大暴雨仍可出现大洪水或较大洪水。

3)河源地区水循环变化的主要特点是,在进入20世纪90年代以来,在降水量变化不大而且略有增加的前提下,径流量有比较明显的下降,而且径流也更加集中在汛期。径流减少的主要原因是蒸发量的增加。河源地区的地下水和湖泊蓄水变量长期处于负均衡状态,从而导致了该地区生态环境的恶化。河源区径流量与上游各水文站的径流量有较好的相关关系,河源区径流减少,整个黄河上游地区的来水量也会同步下降,影响下游的水资源供需平衡。径流减少以后汛期流量更为集中,河道系统的水文循环发生深刻的变化。由于西北地区温度持续变暖,21世纪的水循环的演变趋势将是蒸发量增加,径流量进一步减少,但是因为水利工程的修建,当地的生态环境恶化态势会有所缓解。

成果之三:水循环研究进展。主要包括:

1)以DEM作为地形的综合反映,运用自主建立的模型计算了黄河流域1km×1km分辨率可照时间和天文辐射的空间分布,模型全面考虑的地形因子对日照和辐射的影响,该结果可作为黄河流域基础地理数据供相关研究应用。

2)利用黄河流域及其周边35个台站的太阳总辐射资料和146台站日照百分率资料,对黄河流域1960～2000年逐月太阳总辐射进行了拟合计算。

3)根据黄河流域及其周边气象站1960～2000年逐月气象资料,结合地理信息系统软件ArcGIS8.1,对黄河流域降水、温度、蒸发皿蒸发量、日照百分率、太阳辐射等气象要素的气候变化趋势及其空间分布进行分析,为进一步研究黄河流域蒸散变化规律和水资源演化规律提供了基础背景信息,主要结论如下:

——就流域平均而言,1960～2000年黄河流域年降水量呈略有下降趋势,但在统计上无显著意义。自20世纪70年代后,黄河流域年降水量变化相对平稳,70～90年代同60年代相比略有下降。不同年代比较而言,20世纪90年代降水量最少,70～80年代与40年平均水平相当,60年代最高,90年代年降水量比60年代减少了19.1mm。在4个季节中,秋季降水呈明显下降趋势,其他季节变化不明显。20世纪90年代秋季降水量同60年代相比下降了40.9mm。

——自20世纪60年代中期之后,黄河流域年平均温度呈明显上升趋势。20世纪90年代较60年代年平均温度上升了0.58℃,较40年平均水平高出了0.49℃。从四季温度变化来看,温度上升主要表现为秋季和冬季,以冬季最为明显。同20世纪60年代相比,90年代冬季平均温度上升了1.37℃,秋季平均温度上升了0.61℃。

——1960~2000年黄河流域蒸发皿蒸发量呈明显下降趋势,黄河流域年蒸发皿蒸发量在20世纪80~90年代较60~70年代下降了136mm,下降幅度为7.5%;不同季节对照发现,蒸发皿蒸发量的下降主要表现在夏季和春季,冬季呈略微下降趋势,但统计上不显著。

——1960~2000年黄河流域年日照百分率呈明显下降趋势,就整个流域平均而言,20世纪90年代年日照百分率较60年代下降了2.49%;从日照百分率的季节变化来看,夏季和冬季日照百分率呈明显下降趋势,春季呈略微下降趋势,但在统计上不显著。同20世纪60年代比较,90年代黄河流域春季日照百分率下降了2.18%,夏季下降了3.46%,冬季下降了4.9%。

——1960~2000年黄河流域年太阳总辐射呈明显下降趋势,在季节上主要表现在夏季和冬季,春季呈略微下降趋势,但在统计上不显著。黄河流域年总辐射量在20世纪80~90年代较60~70年代下降了108.78 MJ/m²,下降幅度约为1.96%。在季节上,夏季总辐射具有同样的特点,20世纪80~90年代较60~70年代下降了62.53MJ/m²,下降幅度为3.4%;不同年代比较而言,冬季总辐射呈持续下降趋势,20世纪90年代较60年代下降了33.34MJ/m²,下降幅度为3.6%。

4) 通过对黄河流域不同区段主要水循环要素的趋势分析表明:对于兰州控制断面而言,地表径流有明显的减少趋势,而其他水循环要素变化的趋势并不十分明显。对于花园口控制断面而言,天然径流、地表径流和地下径流减少趋势显著,而降水、蒸散发、壤中流和土壤水分通量也都呈减少趋势,但变化并不突出。

比较天然径流和实测径流系列,两个控制断面的分析都表明实测径流的减少趋势比天然径流更为显著。进一步的分析显示,这种差别是由于用水量的增加造成的。必须指出的是,地下水开发强度的增加已经造成了地下径流的减少。从这个意义上讲,人类活动已经深刻地影响了水循环过程。水资源开发利用的增加是黄河下游频繁断流的一个重要原因。另外,降水和径流相同的变化趋势一定程度上也揭示了气候变化也是流域水循环变化的一个重要驱动因子。作为一个综合指标,径流系数的减小反映了水资源开发利用、气候变化以及土地利用/覆被变化下水循环的变化。

5) 通过黄河源区代表水文站点玛曲和唐乃亥近50年的月实测径流资料从径流年内分配不均匀性、集中性和变化幅度等方面具体分析了黄河源区径流年内分配的变化规律。研究表明：①从时间上看，黄河源区径流的年内分配特征20世纪的90年代和70年代较为接近，而80年代则与60年代较为接近，总体上表现出节律性变化的规律；②不论是玛曲站还是唐乃亥水文站，90年代的径流年内分配特征都出现了较大的变化，具体表现在年内分配不均匀性减小、集中度降低、集中期提前以及变化幅度减小等特性，此外汛期径流量减少特征明显，是影响各指标的重要因素；③从空间上看，玛曲水文站径流年内分配的不均匀性、集中度以及相对变化幅度都略高于唐乃亥，而绝对变化幅度则较小，集中期则差别不大。

6）就花园口以上降水和天然径流近50年的资料系列，应用EMD-Hilbert变换方法进行分析。结果表明：黄河流域降水演化过程包含4个内在模函数（IMF）以及一个单调递减的趋势项，而天然径流的演化则由3个基本模态和一个单调递减的趋势组成。黄河流域降水和天然径流的演化模式存在一定的相关关系，但两者之间并非一一对应的关系。从时间上看，不论是内在模函数还是趋势项，相对于降水，天然径流都表现出滞后的特点，一定程度上反映了下垫面调蓄作用对径流演化过程的影响。从降水和天然径流内在模函数的周期看，可以推测黄河流域的水资源演化可能与QBO、ENSO等大气低频振荡有关。但这些关系还有待于今后的进一步研究。

2. 分布式模型研究

在黄河973项目（G1999043600）及其他有关国家重大科研任务的支持下，针对水循环多元过程及其多种要素的复杂问题，以变化环境下的流域水循环多要素、多过程、多尺度的研究为主线，在深入的水循环多元过程理论分析的基础上，综合集成不同领域和学科科技研究成果，研发了水循环多元综合模拟技术系统。

成果之一：分布式水文模型（日过程）研究

面向水资源管理，构建了日过程的分布式水文模型。针对流域日径流过程非线性十分突出，难于模拟的特点。模型首先基于DEM将流域分成若干子流域，在子流域上建立物理概念模型，产流计算考虑地形坡度影响和变源面积规律采用地形指数计算方法，汇流演算基于河网拓扑关系采用分段马斯京根方法。模型的运行控制利用"空间循环控制代码"方法。涉及的水文物理过程包括：冠层截留、融雪、蒸散发、坡面流、非饱和土壤水运动和地下水出流（基流）等环节。模型在结构上与GIS/RS技术结合，充分利用GIS的空间数据分析和管理功能，提供空间分布参数的识别能力。并通过遥感（RS）技术，弥补传统监测资料的不足，实现无常规资料地区的建模问题，解决大流域分布式水文模型信息的不足。模型已在黄河的二级支流——泾河（流域面积4.5万km²）进行了初步应用，结果表明模型具有一定精度（确定性系数在0.70以上），能够满足水资源管理之需。

成果之二：分布式水文模拟系统的研究

在黄河流域分布式水文模型研制中，发现海量的输入与输出数据的处理和管理问题，模型的可操作性问题，模型为不同专业的应用和资源管理所提供的支持能力等问题，已经同水文模型本身具有同等的重要性，这已经不是简单的模型包装问题，这在一定程度上决定着分布式水文模型能否开发成功，是否具有实用的价值。为此，提出了一个以数据库为基础、以遥感和地理信息系统为技术支撑、集成资源管理与决策功能为一体的、具有专业扩展性和广泛模拟能力的模块化结构的分布式水文模拟系统。目前与我国独立自主知识产权的组件式地理信息系统软件超图（SuperMap）相结合，开发出模拟系统雏形版本。该系统主结构包括：数据库管理系统、数据预处理和后处理系统、水文模型系统等几部分。具有很强的专业扩展性和广泛的模拟能力，具有处理和管理水文、气象空间数据和系列数据的功能。能够对分布式水文模型的空间输入与输出信息进行有效的管理，并具有2D/3D图形显示功能。该系统作为一个可扩展的平台，将逐步集成各类时空尺度下的分布式水文模型和其他功能模块的应用。

3. 遥感水文研究

主要有如下研究内容和成果：

1）黄河流域土壤水分状况分析。利用土壤水分遥感估算模型计算出来的土壤水分数据，分析了黄河流域土壤水分的空间分异规律。黄河流域土壤水空间分布极不均匀，土体中最低含水量为38mm，最高为333mm。兰州以上黄河上游地区土壤含水量较高，绝大部分地区在223mm以上，是黄河全流域土壤水资源最丰富的地区。渭河流域和黄河下游地区土壤含水量在185～222mm，是黄河流域土壤水资源比较丰富的地区。黄土高原和汾河流域的绝大部分地区土壤含水量在111～148mm，是黄河流域土壤水资源比较少的地区。毛乌素沙地土壤含水量在74mm以下，是黄河流域土壤水资源匮乏的地区。同时，利用土壤水分数据，以及黄河流域兰州以上河段、宁蒙河段、山陕流域、渭河汾河流域、三花区间、下游流域以及内流域区七个流域的径流资料，分析了16年来黄河流域土壤水分和水量平衡因子的时间动态。可以看出，兰州以上河段的蒸散比率最小，土壤水的比率最大，是黄河流域中比较湿润的地区；黄河流域中最干旱的地区是内流区和山陕河段，其蒸散比率最大，土壤水的比率最小；同时还可看出在黄河流域中干旱性越强的地区,其径流比率变化幅度大,土壤水储量比率变化幅度小,说明干旱性强的地区,具有入渗过程比较强,而产流比较弱的特征。

2) 利用AVHRR计算黄河源区降水状况。由于环境变化和人类活动的影响,近年来黄河源区生态环境出现了恶化趋势,断流现象不断出现,所以开展黄河源区水循环机制研究十分重要。降水是水循环过程中的基本环节,但是黄河源区水文、气象站比较少,降水资料缺乏,制约了黄河源区水循环机制研究的开展。根据可见光(VIS)和红外(IR)遥感反演降水的原理,以及黄河源区降水云系的特点,建立滑动—变动视窗降水遥感计算方法,在AVHRR遥感数据基础上,计算出黄河源区1h、3h和5h降水量。结果表明:应用遥感计算出的结果比用空间插值方法得出的结果,更客观地反映出黄河源区降水状况,可以应用在黄河源区水循环机制分析中。

3) 利用1km分辨率的MODIS遥感资料,包括MODIS地表温度、叶面积指数、植被指数、土地覆盖、地表反照率等数据,结合日气象观测资料,选择泾河北洛河流域,利用能量平衡余项法估算日蒸散量,并提出了生态水文评价方法与模型的应用。

4) 利用互补相关模型结合遥感数据进行黄河流域月及年蒸散量估算,检验了平流-干旱、CRAE、Granger等互补相关模型在不同时间尺度、不同气候类型区域上的计算精度,讨论了不同气候因子对计算误差的影响,并分析了模型参数的变化规律。结果表明:平流-干旱模型、CRAE和Granger模型估算的年蒸散量除了干旱年份外,误差都在10%以下。平流-干旱模型估算的月蒸散量比较合理,而CRAE模型与Granger模型都存在冬季月蒸散量估算过高的问题。互补相关模型的经验参数在不同年型、不同气候类型区域有不同的最优值。

资料来源:刘昌明,杨胜天,孙睿. 2007. 基于RS/GIS技术的黄河流域水循环要素研究. 郑州:黄河水利出版社.

二、应用研究

中国在水资源配置技术方面的发展较快,"八五"期间提出了基于宏观经济的水资源合理配置模型和方法,"九五"期间发展为同时配置国民经济用水和生态环境用水,"十五"期间进一步提出维护流域水资源全属性功能的水资源配置理论和方法。基于宏观配置方案的水资源实时调度和服务于生态环境保护的跨区域调水技术得到了发展和初步的应用。生态环境需水是近年来中国水资源领域科技研究的热点和焦点问题之一,在核算方法与技术方面取得了显著的进展。目前,中国科学家正在针对水资源生态价值核算、虚拟水、水文系列分析、水资源生态机理分析、土壤-植物-大气连续体(SPAC)水动力学理论与技术等方面问题开展更为深入的研究。

在节水技术方面,中国自20世纪70年代开始引进和发展喷灌、滴灌、微灌等农业节水技术,80年代重点推广低压管道输水,90年代各种节水灌溉技术得到了普遍的应用,生物节水技术、化学节水技术等也都得到了发展,不仅提高了农业生产水平,而且正在形成较为完整的节水灌溉技术体系,提高了农业节水能力。在工业节水方面,主要以城市污水回用技术的发展为代表。"六五"期间,中国开始进行城市污水回用方面研究,并在青岛和大连进行试验研究;"七五"、"八五"期间,针对北方部分城市在经济发展中急需解决的缺水问题,开展了国家科技攻关计划重大项目"城市污水资源化研究",积累了城市污水净化和资源化回用的经验和技术;"九五"期间,开展了"污水处理与水工业关键技术的研究"。"十五"期间攻关重点是水资源安全保障,在污水资源化利用技术研究方面的重点包括:城市污水回用于工业冷却、市政景观、农田灌溉、生活杂用的水质处理技术与示范,雨、污水地下回灌水质技术与示范,油田废水及其他工业废水再生回用处理技术及示范,水工业关键技术开发与产业化。以城市雨洪资源利用为例,北京市在1988年修建了50余座橡胶坝拦蓄雨水,新建建筑一律配套雨水渗透设施,屋顶雨水排入草坪而入渗地下。

在非常规水资源利用方面,除了上述的污水回用、雨洪资源利用,中国在微咸水和海水利用技术等方面也有较为迅速的发展。新疆、宁夏、甘肃、河南、河北等地区都有长期利用微咸水灌溉的经验,以河北为例,用矿化度4~6g/L和2~4g/L的咸水灌溉小麦和玉米,比旱作(无灌溉)小麦和玉米增产1.2~1.6倍。在海水利用方面，中国利用海水作为工业冷却水的历史已经长达70余年，青岛、大连、天津、烟台、秦皇岛、上海、威海等沿海城市都已大量利用海水，目前已经拥有反渗透海水淡化技术、蒸馏法海水淡化技术、海水循环冷却技术等方面的技术推广和产业化能力。

在水污染防治方面，自"九五"以来，为了控制和治理水体污染，中国相继开展了多方面的研究工作，在控源截污、污水处理、水体净化、水体功能修复等方面取得了一系列研究成果。通过加强湖泊污染控制与生态修复、城市水环境质量改善、饮用水安全保障、城市污水物化与生物水处理等技术体系的集成与应用推广研究，目前中国已经初步建立了一套覆盖城市水环境、水污染防治和饮用水安全保障技术系统与示范工程，并正在形成四大污染控制与环境修复技术体系，分别是：①基于水体生态修复技术、河网面源污染控制技术和底泥治理技术的湖泊污染控制与生态修复技术体系；②基于人工湿地技术、面源污染控制技术、城市污水处理与资源化新模式的水环境质量改善技术体系；③基于水源水水质改善技术、水厂安全净化技术、饮用水安全输配技术的饮用水安全保障技术体系；④基于生物处理技术、物化处理技术以及生物-物化联用技术的城市污水处理技术体系。

在水生态修复方面，20世纪90年代以来，中国相继实施了一系列的生态修复措施和工程，例如，扎龙湿地补水、引江济太调水措施等，取得了良好的生态效益。

三、管理方面

围绕水的管理，中国各级政府做了大量的工作。长期以来，在中央一级，水利部是国务院的水行政主管部门，根据《水法》的规定，负责全国水资源的统一管理工作。国务院其他有关部门按照相关的职责分工，协同水利部进行水资源的管理工作。全国七大江河及太湖流域设立了流域委员会或管理局，代表水利部行使所在流域的水行政主管职责。各省（自治区、直辖市）水利部门是省级政府的主管部门，并相应地设置地（市）、县级水行政主管部门。水利部全面负责水资源规划、管理等有关业务,对全国水利枢纽工程建设、防洪、灌溉、供水、农村水利等工作进行指导和监督。

中国水污染防治实行统一管理和分级分部门相结合的制度,各级人民政府的环境保护部门对所属的水污染防治实施统一监督管理,是水污染防治的主管部门;水利部门则是水污染防治的重要协调部门。

在水管理方面,建设、农业、林业、规划、交通、卫生等部门也都有着相应的职能分工,形成了"九龙治水"的局面。

除了水行政管理体系的进一步健全之外,中国水法规体系的建立步伐逐渐加快,而且不断完善。到目前为止,与水有关的法律主要有4部,包括《水法》、《水土保持法》、《防洪法》和《水污染防治法》。除了4部法律外,国家还颁布了200多个与水有关的部门规章、规范性和法规性的文件。自从20世纪90年代中后期以来,水利部开始推动小型水利工程产权制度和管理方式的改革,并于2003年出台了《小型农村水利工程管理体制改革实施意见》,到目前为止,初步解决了农村小型水利工程管理主体缺位、管理责任不落实等问题。

另外,自从20世纪90年代中后期以来,农民用水户参与的灌溉管理改革也取得了一定进展,截至2006年,全国已经成立了3万多个农民用水户协会。

另外,为了有效地管理水资源需求,平衡供需之间的缺口,水利部门也开始运用多种经济和政策手段来调控水资源的供求关系,例如,水价的收费水平和实收率不断提高,收费方式更为灵活,管理进一步规范;截至2006年,有29个省(自治区、直辖市)颁布了有关水资源费征收使用管理办法或相关法规;污水集中处理的收费制度也在逐渐健全中。近几年,水权和水权交易制度的建设也引起了国内相关政府部门的重视,个别地区已经开始探索水权交易的实践并建立了相应的示范区。

目前,中国政府正在努力建设"节水型社会"。"十一五"

（2006～2010年）规划确定了水资源管理的一系列目标和重点，包括构建水资源综合管理体制、从供给管理向需求管理转变、将流域管理与区域管理相结合，建立水权交易制度等。上述各种措施尽管取得了一些成效，但是，在严峻的水危机态势、独特的国情条件以及经济转型的背景下，中国在水资源管理的体制、机制与技术等方面仍然存在很大的不足，还远远难以适应市场与社会的需求（王毅，2007，2008）。

第三节　国内外的差距

在水资源领域科技，与国外先进技术相比，中国还存在着多方面的不足和差距，主要表现在以下方面（郭日生等，2007；刘宁等，2006；国家技术前瞻研究组，2005）。

一、基础研究

主要体现在水资源、水生态等方面基础研究与技术水平的差距。具体而言，主要涉及水文水资源综合监测与信息处理技术、水循环过程模拟技术、水文预测预报技术、水生生态系统基础研究等领域。在综合监测与信息处理方面，中国的观测手段以传统方式为主，技术水平总体落后，新兴的现代观测与监测技术，如遥感技术、传感器技术、同位素示踪技术、空间信息处理与分析技术等在中国虽然也有所发展，但是仍明显落后于国际水平。受观测与监测技术和信息技术的限制，在水循环模拟和水文预测预报技术方面也难以迅速弥补与发达国家之间的差距，例如，水循环研究需要大量的参数信息，包括地表下垫面物理性状和生态信息、高精度DEM信息、时序气象信息以及可靠的经济社会发展信息等，这些都迫切需要在观测与监测技术和信息传输与处理技术方面的进一步创新性发展。除此之外，中国在水文过程机制和规律方面的认识不足，对水循环过程中各种水文过程、生态过程、物理过程、化学过程以及复合过程的理解不足,难以准确建立水文循环参数变量之间的关系,大大制约了水循环模型的发展及其模拟精确性的提高。在对长期信息的积累与分析方面,也缺乏理想的方法和技术,难以准确把握不同时间尺度的发展演化特征、规律和趋势,限制了水文预测预报水平的提高。

二、应用研究

主要体现在节水技术、水污染防治技术方面的差距。

1) 节水技术的差距。中国农业节水技术相对落后,在推广和普及方面存在政策与资金方面的难度,限制了农业节水技术潜力的发挥。在生活与工业节水技术方面,与国际先进技术之间的差距较大,例如,生活节水器具的研发缺乏系统性和长远目标,新型高技术类型的节水器具比较少见,节水器具的推广使用方面既非常薄弱又比较混乱,因而节水效果并不是特别理想。在工业节水技术方面,突出体现为水重复利用率远远低于发达国家,高效循环冷却节水技术、热力和工艺系统节水技术等也与发达国家之间差距很大,有待尽快得到提高。在污废水回用技术方面,中国虽然具有多方面相对成熟的技术,但是产业化推广方面极为薄弱,总处理能力严重不足,全国污水回用量占污水排放量的比例远远低于发达国家。据世界银行最近的统计,目前中国单方水生产率仅相当于世界高收入国家水平的1/10左右。

2) 水污染防治技术的差距。中国目前在污染物检测评估、污染治理技术、环境修复技术方面与国际水平差距仍然很大;在清洁生产技术推进和源头控制方面仍然非常薄弱,水环境质量标准体系的研究步伐总体较慢,环境质量标准低于发达国家,循环经济尚远未在实践层面加以很好的落实。广大农村地区仍然大量地使用化肥、农药,城乡生活污水排放也缺乏基本的控制和治理措施,城乡固体废弃物处理能力总体偏低,处理方式落后,加剧水环境问题。面源污染的研究和控制仅仅局限于少数重点区域和典型区域,全国范围尚未建立系统的、全面的面源污染源监控网络,面源污染评估方法和标准体系尚属空白。水体中有毒有机污染物的研究方面尚处于起步阶段,监测与评估的方法和技术有待发展。针对重点流域、湖泊、水库的水环境修复技术方面综合性不强,或者治标不治本,治理成效远未达到令人满意的程度。

三、管理方面

在中国,水管理的体制、机制及技术总体落后,存在突出的部门分割、行政分割、条块分割等问题,不同部门之间、不同行政单元之间以及中央和地方之间缺乏有效的协调机制,管理信息系统和决策支持系统相对薄弱。在水文监测、水土保持、旱涝灾害和水利工程方面主要是由水利部监管,在水环境监测治理方面主要是环境保护部负责,因此,长期以来,形成了水文监管与水环境监管相互分离的状态,造成了水量与水质联合监测和评价的巨大障碍,不利于水资源问题的有效解决。在信息化建设方面与国际水平相比差异较大,新技术难免存在不确定性和缺陷,因而管理部门在新技术的推广应用方面比较"务虚";监测手段总体上仍然原始和落后,信息传输和处理能力低,数字化、信息化、标准化、网络化水平总体偏低,缺乏有效的专家决策系统平台,水循环、水资源、水环境、水灾害等领域专业模型和应用软件系统的发展迟滞,限制了水资源综合管理水平的提高。流域综合管理手段与理念的推广方面仍然比较滞后,源头控制的观念和手段还非常薄弱,与水资源、水环境、水生态等相关的生态补偿机制的研究与实践等方面也还处于初期探索阶段。

第四节 科学难题与重要技术

从中国乃至全球水资源领域科技发展的现状特征及变化趋势出发,以下总结和列出了目前需要解决的主要的、共性的科学问题和关键技术。

一、主要科学难题

1）气候变化问题异常复杂，其对水资源系统的影响作用同样非常复杂，是世界性的科学难题。

2）水资源对气候变化的响应亦非常复杂，具有显著的区域分异性特征、非线性特征、尺度特征等。

3）水循环极值/旱涝频率对气候变化响应的增益性。

4）全球气候模型对气候变化的预测和分析具有很强的条件性，称为情景（scenarios），因此，未来气候变化对水资源的影响能不能确切预报，仍然是个难题。

5）水循环是水资源计算与管理研究的基本原理，已经发现的蒸发皿蒸发量的减少事实是对水循环研究的挑战，其他水循环要素如何？其中存在着复杂的反馈机制。

6）厄尔尼诺与拉尼娜现象对水资源的影响问题。

7）日益增长的人类活动，种类繁多、规模空前，各种社会经济用水以及土地利用/覆盖变化的影响不清，如森林/植被的水文效应，有利还是不利？这些都是基本的科学问题，需要深入研究。

8）水与生态系统的关系，目前学术界对这一问题的认知仍然非常有限，世界大多数河流尚未确立生态维护目标。

9）环境流量（e-flow）的研究方兴未艾，难以实现人－水和谐。

10）气候变化与人类活动交织的混合影响使水文水资源的研究变得十分复杂，如何区分它们影响是一个尚未解决的问题。

11）大型水利工程对水文水资源及生态环境的影响问题。

12）在黄河流域相关的研究中发现，天然系列数据还原的难度非常大，"还现"的办法有时期问题，国外正在探索敏感系数法与弹性系数等统计方法。

13）当前污水处理问题的症结，即研究的进展往往受阻于对材料、物化机理等基础研究的认识不够。

二、主要技术问题

1）水循环与水资源利用的动态监测、综合评价与实时调控技术。

2）水资源监测评价的同位素技术。

3）水资源循环再生利用及安全性评估技术。

4）农业高效用水与节水技术（生物节水、非充分灌溉技术）。

5）城市雨水利用与洪水资源化技术。

6）工业水污染处理与控制以及工业节水技术。

7）城市污水处理与回用技术。

8）农村面源污染监测与防治技术。

9）地下水回灌及受污染地下水修复技术。

10）水体富营养化防控技术。

11）突发性水环境事故预警与应急技术。

12）水土保持与生态建设综合技术体系。

13）生态需水定量评估及生态需水调配技术。

14）数字流域模型/分布式流域水文模型。

15）海水、微咸水、污水等非常规水资源综合利用技术。

16）干旱/洪涝灾害监测、评价与预警技术。

第三章

国际水科技发展路线图案例及中国水科技发展规划

第一节　国际水科技发展路线图案例

近年来,美国、澳大利亚、日本等国家或地区已经相继制定了与水相关的科技发展路线图。例如,美国在国家以及州的层面分别制定了众多的路线图,内容涉及水资源、水净化、旱灾、水生态等诸多领域的科技发展;澳大利亚也制定了水产业发展的路线图;拉美诸国则联合制定了水协同管理路线图;日本则重点针对水循环观测研究制定了详细的计划。在此,择要介绍具有代表性的路线图。

一、美国与水相关的科技发展路线图

(一)《脱盐与水净化技术路线图》

《脱盐与水净化技术路线图》(*Desalination and Water Purification Technology Roadmap—A Report of the Executive Committee*)是2003年1月由美国内务部垦务局(U.S. Department of the Interior, Bureau of Reclamation)和Sandia国家实验室(Sandia National Laboratories)合作完成的一份技术路线图,是"脱盐与水净化研究计划"(Desalination and Water Purification Research Program)系列出版物中的第95号。

该路线图总结了美国至2020年期间供水方面将要面临的

挑战,并建议了应该研究和发展的领域以便获取能够应对各种挑战的技术解决方案。路线图重点识别了应对国家未来水供应挑战所应发展的具成本效益的技术以及相应的研究领域,既包括加快现有(当代)技术的演化,又包括设立科技基金以便发展先进的下一代技术。面向2020年,分为近期和长期两个阶段,该路线图提出了四个方面的国家需求:①安全供水。在旱灾、自然灾害、工业和交通事故以及遇到恐怖袭击时,满足饮水安全标准,满足农业和工业的使用标准,努力朝着更安全的供水方向前进。②可持续供水。在不损害后代需要的前提下满足当代的需要。③廉价供水。可获得的水供应是指与当期的水价相比,未来时期的供水应该是廉价的,以保证公众具有充分的购买能力。④充分供水。保证当地和区域的水供应,即便是在诸如旱灾的情况下也能保证水的足量储备。

在路线图绘制时,将可持续供水与充分供水"合二为一,从而得到了三个方面的路线图(图3-1、图3-2、图3-3)。该路线图还指出了脱盐与水净化在美国水供应解决机制中的地位与作用,如图3-4。进而指出了支撑下一代污水处理厂发展的五个主要的技术领域,分别是:①膜技术(通过半透膜去除污染物的脱盐和水净化技术);②替代性技术(利用非传统方法的技术优势);③热技术(依靠水的蒸馏和冷却,分离污染物,获得净化水);④浓缩处理技术;⑤再循环和再利用技术。其中,后两类技术通常与膜技术和替代性技术密切相关,主要是对其副产品进行处理,使其得到利用。

近期

替代性技术
- 超声波
- 膜－膜组合

热技术
- 削减污染物流量的混合膜与热技术研发项目
- 发展太阳能池进行浓缩处理
- 增强蒸发

浓缩处理技术
- 针对地表水排放方面的科技研发项目，建立混合区不均衡离子扩散模型模拟的标准规范
- 盐水生物学（技术），包括其环境影响，并利用微生物进行水处理
- 生物工程技术研发，包括：如何进行工程处理以保证不对生态系统构成威胁，或者，如果可能使其有益：现有处理方式的天然相似物

近期关键目标

发展随选选移除技术
去除60%的合成污染物
4~6级微生物处理
去除内分泌干扰物、甲基叔丁基醚、亚硝胺、高氯酸盐
研发真正的指示剂（不仅仅是浊度）
地表水土流失：建立混合区不均衡离子扩散模型模拟的标准规范
地下水回灌：美国地下水回灌的大尺度区域特征

中长期

膜技术
- 智能膜——实时识别污染物差异、自动改变性能和选择性
- 传感器研发——模拟有机复合污染物/在线传感器
- 用于监测微型生物膜的微型污染型原位及嵌入式传感器、微型污染传感器
- 膜研究——适用于更宽pH范围（物理或化学移除）
- 根据饮用水标准及净化需求调整净化能力（2014年—基于分子量和表水性移除药物）
- 生物过滤器

替代性技术
- 生物仿生——主动膜/生物传感器/信号性能/红树林

再循环和再利用技术
- 为公众研发有机污染物移除装置，以获得可供饮用的水
- 对各种水回用计划和饮用水装置进行风险评价

中长期关键目标

增加各种集中处理的规范、优化地理分布、重视累积问题
基于水文学模型辨别美国地下水注入能力的接收岩层和岩层规模

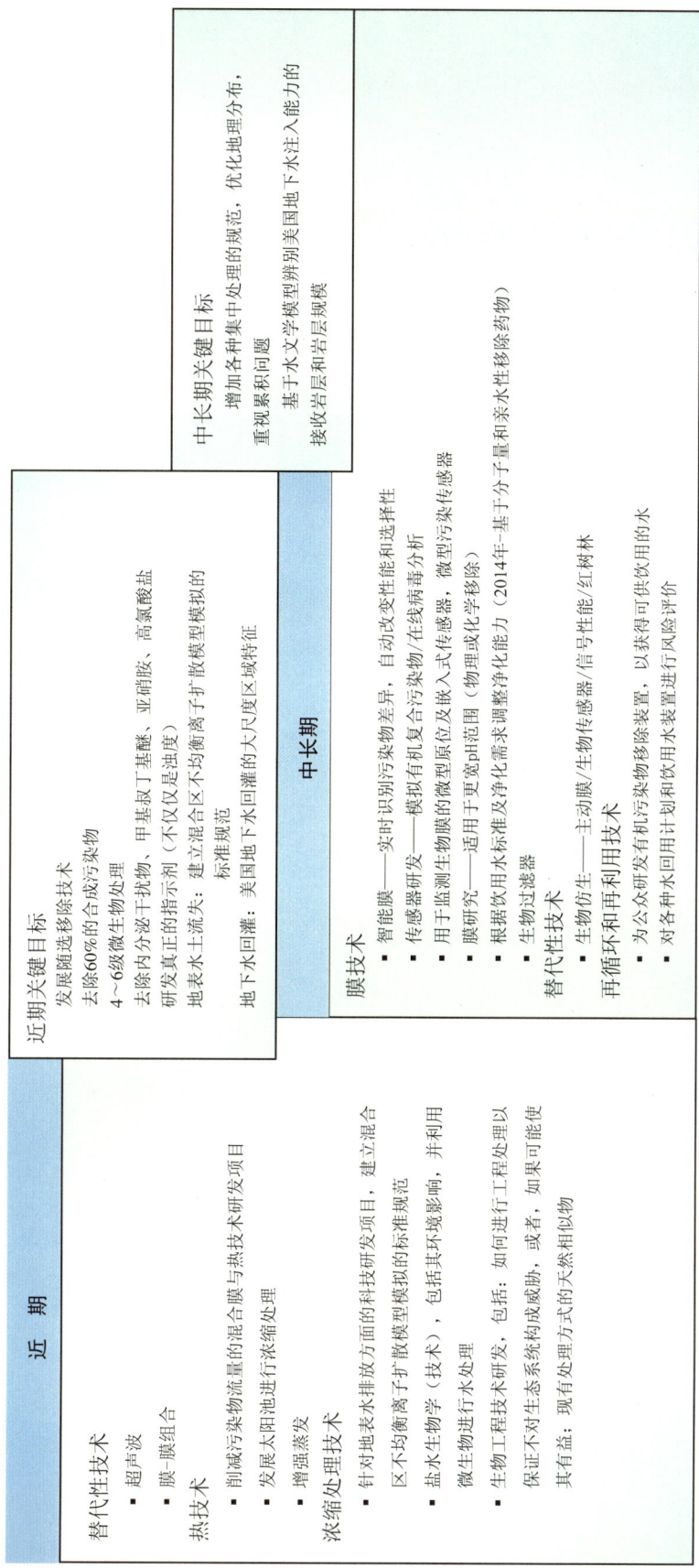

淡化水的安全性增加 →

图3-1　安全供水：需求、关键目标和指标

图3-2 足量供水与可持续供水：需求、关键目标和指标

近期关键目标
- 在一定时段内保持稳定的再生水—针对于生物污染
- 降低再生水成本的25%
- 有益化利用5%的浓缩水
- 降低非地表水的应用比例达15%

中长期关键目标
- 降低再生水成本的80%
- 有益化利用15%的浓缩水
- 降低非地表水的应用比例达5%

近期

膜技术
- 研发机械的/基本的途径未设计膜
- 进水管道计算流体动力学
- 开展研究增进对分子水平效应的理解
- 渗透型设计
- 基于现有知识增进对系统整体的认识
- 研发最优化模型
- 研究模型参数的敏感性
- 增进对防污机理的认识并研发指示剂
- 减轻污垢（理解生物粘泥/优化运行控制）

热技术
- 可再生能源（在小型社区内）—地热、太阳能、风能、生物能源
- 从大气中集水
- 膜蒸馏

再循环和再利用技术
- 调查研究并利用人工湿地
- 在大的空间尺度增强地下水回灌能力

中长期

替代性技术
- 离子吸附—沸石结晶
- 钠泵/仿生
- 高级膜/分离—陶瓷/薄膜/生物反应器

集中处理技术
- 建立"超级集中处理"技术—残留物完全凝絮以及100%的回收水
- 探索浓缩水的有益化利用，包括：灌溉、畜牧、太阳池、冷却水、制造业、农业、修复报废的河渠、能量回收、人工湿地、娱乐、嗜盐灌溉、水产养殖等
- 末端分散治理与循环利用

再循环和再利用技术
- 基于流域的盐分管理策略

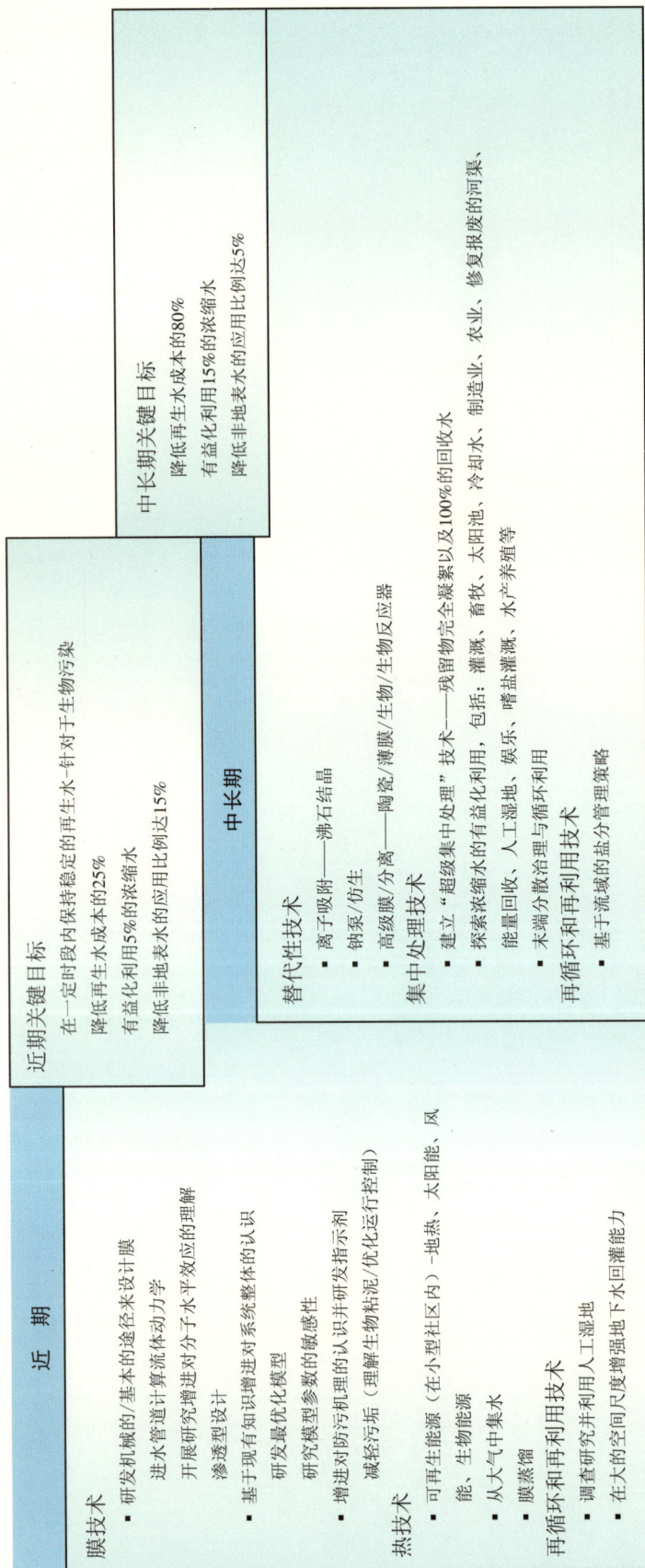

淡化水的数量增加 →

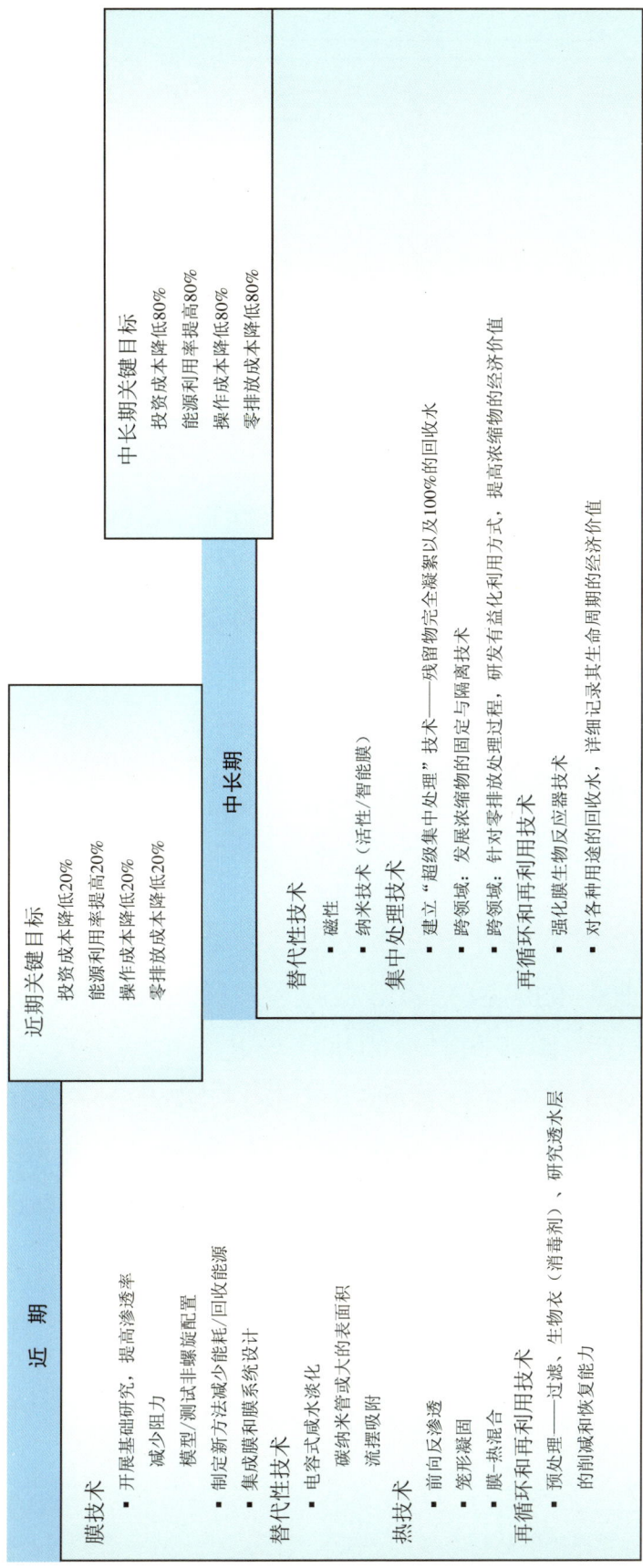

淡化水的成本降低 →

近 期

膜技术
- 开展基础研究，提高渗透率
- 减少阻力
- 模型/测试非螺旋配置
- 制定新方法减少能耗/回收能源
- 集成膜和膜系统设计

替代性技术
- 电容式咸水淡化
- 碳纳米管或大的表面积
- 流摆吸附

热技术
- 前向反渗透
- 笼形缩固
- 膜—热混合

再循环和再利用技术
- 预处理——过滤、生物衣（消毒剂）、研究透水层
- 的削减和恢复能力

近期关键目标
投资成本降低20%
能源利用率提高20%
操作成本降低20%
零排放成本降低20%

中长期

替代性技术
- 磁性
- 纳米技术（活性/智能膜）

集中处理技术
- 建立"超级集中处理"技术——残留物完全凝絮以及100%的回收水
- 跨领域：发展浓缩物的固定与隔离技术
- 跨领域：针对零排放处理过程，研发有益化利用方式，提高浓缩物的经济价值

再循环和再利用技术
- 强化膜生物反应器技术
- 对各种用途的回收水，详细记录其生命周期的经济价值

中长期关键目标
投资成本降低80%
能源利用率提高80%
操作成本降低80%
零排放成本降低80%

图3-3 廉价供水：需求、关键目标和指标

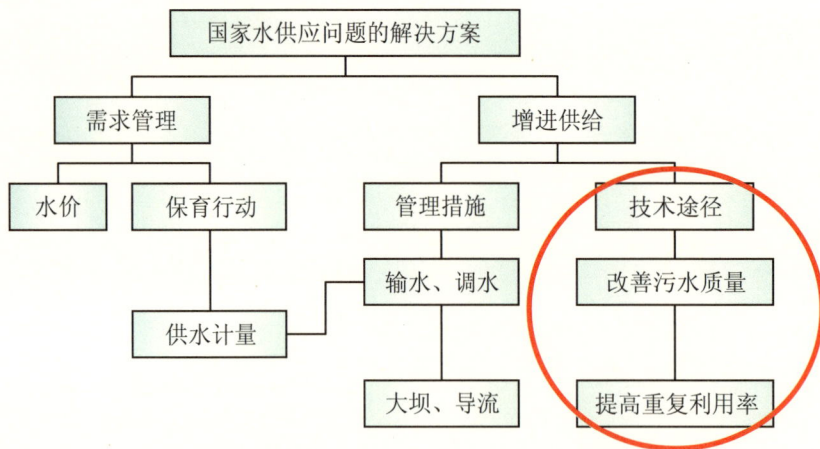

图3-4 美国水供应机制及脱盐与水净化技术的地位

该路线图还开展了情景与障碍因素分析。情景1基本属于现状的自然延续，主要特征是公共部门研发和投资有限，而私营部门的研发行为及技术成果则由于较低的水产业利润以及缺乏足够资本推广应用新技术而举步维艰。情景2展示了国家在脱盐与水净化技术研发方面意识增强、投入增加的情况下，脱盐与水净化技术得到革命性发展的前景。在障碍因素分析方面，着重点出了四个方面的因素：①司法与机构问题，导致水质标准的多样化、水管理的不协调、新技术推广的困难等；②公众对净化水的看法脱离现实；③对增长和发展以及设施选址等问题存在的争议；④行业标准的空白，将会阻碍和减缓新技术的产业化。

该路线图还对路线图自身的执行与建设策略进行了探讨，提出了"技术发展必须是连贯的"基本观点，并设计了保障路线图得以有效执行的五个基本策略（图3-5）：①建立新技术；②分析资源特色；③指出执行问题；④商业化执行；⑤寻求全球范围的合作。

建立新技术
· 研发活动
· 试点规模的测试
· 比较和评价框架
· 提升倍增

分析资源特色
· 建立盐水分布图
· 模拟盐水的提取
· 化学特征的描述

指出执行问题
· 明确权利/归属问题
· 明确环境问题
· 确定规章问题

商业化执行
· 用水社区宣教
· 尽早实施
· 建立/扩大生产基地
· 建立扩大建筑工程

寻求全球范围的合作
· 国家技术发展
· 国际水需求

需要并行开展的系列任务

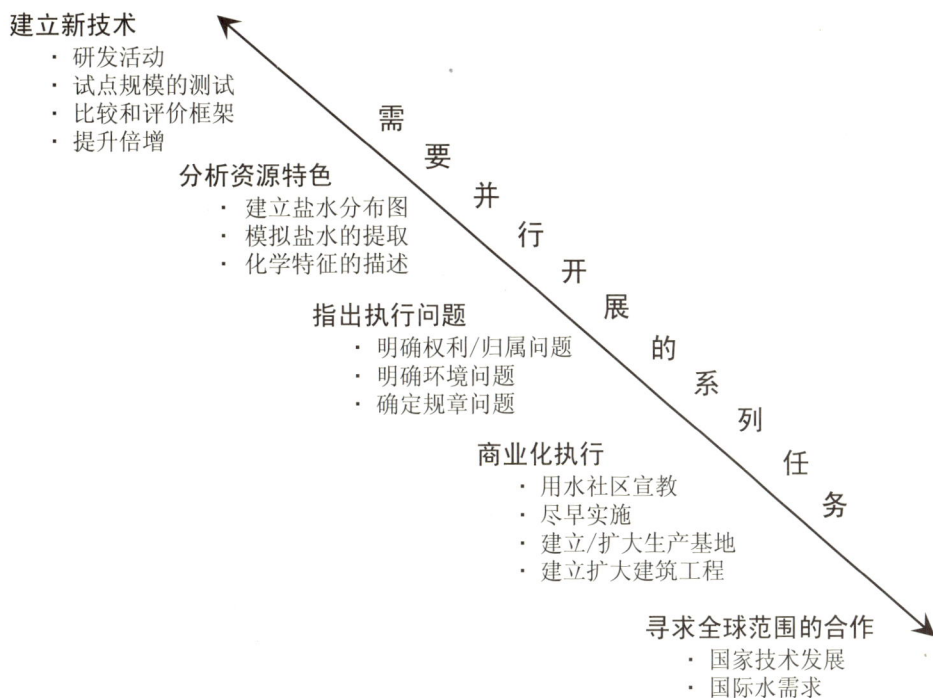

图3-5　建设路线图：协调与综合的策略

（二）《干旱管理：美国应对变化的路线图》

《干旱管理：美国应对变化的路线图》（*Managing Drought: A Roadmap for Change in the United States*）是由美国地质协会（Geological Society of America, GSA）完成的一个路线图。

该路线图分析了美国应对旱灾需要采取的紧急行动，对近期旱灾影响、未来面对旱灾所可能表现出的脆弱性、旱灾危害、未来旱灾发展趋势与风险等进行了研究，总结了过去的公共政策对旱灾的响应特征，并针对未来提出了相应的建议。具体内容如专栏3-1。

专栏3-1　美国《干旱管理：应对变化的路线图》的主要结论

旱灾带来的经济、环境和社会影响非常严重，代价高昂。美国气候预测中心的计算表明，仅在1998年干旱就造成了390亿美元的损失（以1998年美元价计算）。在干旱面前所表现出的脆弱性呈现不断增强的趋势，这在美国已是非常普遍，主要的原因在于人口的增长和迁移（特别是在缺水的西部各州和美国西南部)、土地利用变化、全球气候变化、递增的水资源需求。美国人口已超过3亿,自1970年以来增加了50%,新增人口相当一部分在缺水的西部地区。由于发展和其他活动带来的土地利用变化不仅减少了水储量,而且导致了水质恶化;在美国很多地区,全球变化直接或间接地影响了水循环,加剧了取水困难和干旱程度。与日俱增的水需求来源于各个部门:农业、市政、工业、能源、生境保持和娱乐等。综合考虑这些因素,为有效地管理和减轻旱灾,美国需要发展以合作和科学为基础的、基于风险信息的水资源评价。

美国地质学会(GSA)资助并与20个科技机构合作研究,形成了《干旱管理:美国应对变化的路线图》,共同确认了管理和减轻旱灾影响的未来科技和水政策解决方案。包括物理学家、生命学家、社会学家、美国本地人、政策制定者、水管理者、水使用者以及学生等在内都发现,对干旱原因的基本理解、对干旱的预测、旱灾减轻和管理等有关的数据和分析方法都有待提高。为有效支持决策,干旱分析报告必须是及时的,而且应基于合适的空间尺度,应该包含可信度/不确定性信息,以便帮助决策者判定报告的可信性和有效性。

美国当前的旱灾状况以及未来在干旱面前可能表现出的脆弱性包括:①自1996年以来美国很多地区发生了多次严重干旱事件,造成了严重的经济、社会和环境影响。几乎没有不受旱灾影响的地区。2007年上半年,美国广大地区经历了比以往更严重的旱灾,而且在夏季的几个月内随着对水需求的继续增加,旱情有可能变得更为严重。②人们认为全球变化增强了美国旱灾的频率、强度和持续性,山地积雪提前消融、径流量减少、水库水位下降、持续性高温、降水差异性增强等变化都已被观察到。③政府未能对旱灾做好充分准备。现有旱灾管理方案经常处于无效状态并且这种状态还在趋于恶化。联邦、州、地方政府应该协调水管理和水用户之间的关系,从一种基于危机的、被动型的旱灾管理转到基于风险的、主动型的旱灾管理,强调旱灾监测和旱情预警、预测、防御和防备。④按照现有的计算结果,可用的水量是很有限的,很多区域的水需求已经接近其可能供应量(以降水为准),在很多流域,水资源已经被全部甚至过度开发。

科学和水管理政策的建议:应该力促政府、管理机构,包括州、地方及部落政府等,即刻执行下面的十条建议,以便形成一种全新的干旱管理机制:

1)正如在2000年国家干旱政策委员会(National Drought Policy Commission)报告中所号召的,在地方、州、联邦和区域(流域)各级政府中实施减缓干旱计划,形成一种高水平的合作和减缓干旱政策,促进美国的经济和社会安全。

2）因全球变化导致特定的温度升高而造成的潜在影响应被考虑在减缓干旱计划中。

3）建立一种新的能够促进可持续水管理实践的"国家水文化"以满足长期的社会需求，包括广泛的教育与合作等，增进公众教育有可能是减缓长期干旱和促进水资源管理的唯一有效途径。

4）在发展水资源管理计划和实施减缓干旱计划的过程中，使流域内所有的利益相关者参加。

5）鼓励社区利益相关者参加本地化的公众教育与普及活动，本地化的科学活动能加深对当地气候及其变化的理解，并给决策者提供相关时空尺度的信息。

6）提高水文和气象数据的收集能力，发展新的数据以便提高评价水平，提高数据的自动化收集能力及其时空精度以支持模型分析和决策，全额支持国会2006年审议通过的"国家综合旱灾信息系统"（National Integrated Drought Information System, NIDIS）计划。

7）鼓励基于风险的评价方法，研究未来时期气候和水管理的多种情景，以支持决策。

8）支持能提高对旱灾认知水平的基础研究。改进数据和表达方式，提高对相关物理、化学和生物过程的认识，获得更可靠和更有用的旱灾评估与管理工具。

9）在水资源管理和减缓干旱计划的实施过程中，全面评估水的价值，水资源服务价值应该包括其经济、环境、娱乐和公共健康等方面的内容。

10）协调各参与机构之间的角色与责任，以便获得更多有用的数据、更高效的分析、更有效的决策等。

资料来源：Geological Society of America (GSA). 2006. Managing Drought: A Roadmap for Change in the United States. http://www.geosociety.org/meetings/06drought/roadmap.pdf.

（三）《水产业安全控制系统路线图》

《水产业安全控制系统路线图》（*Roadmap to Secure Control Systems in the Water Sector*）是由美国"Water Sector Coordinating Council（WSCC）Cyber Security Working Group（CSWG）"于2008年3月完成的路线图，旨在应对互联网时代各种水产业计算机应用系统（尤其是专业性的管理信息系统等）所

面临的日益突出的网络安全和信息安全等问题,以便保证未来10年内(2008～2018年,区分为近期、中期、长期三个时间阶段)各种水产业的安全有序运行。该路线图分析了当前水产业安全控制系统所面临的各种挑战,提出了相应的行动方案、具体途径,并制定了切实可行的路线图(专栏3-2)。

专栏3-2 美国《水产业安全控制系统路线图》

构　想:在未来10年内,瞄准关键应用领域的工业控制系统(ICS),进行设计、安装和维护,保证其关键功能在重大的"网络"(Cyber)安全事件前后能够正常运行。

四个目标:开发和应用ICS安全程序;风险评价;发展和实施可降低风险的措施;建立合作关系。

目标1:开发和应用ICS安全程序

面临的挑战:信息技术(IT)和ICS间的现有合作有限;执行者对IT和ICS安全威胁和可靠性的认识有限;目前缺少实施ICS安全机制的商业案例。

近期(2008～2009年)里程碑:令水产业80%以上的执行者认识到保障ICS安全是个紧迫的任务;增进IT人员、ICS工程师和操作人员之间的相互协调;将安全性作为每个项目规划中的重要目标来对待;制定ICS安全的行业标准并推广使用;集成并强化卖方合同中的ICS规范;将ICS从公共网路中分离出来;将路线图和水产业的具体规划结合起来。中期(2009～2011年)里程碑:开展ICS安全行业标准的相关培训;将ICS安全意识、教育和推广行动整合到水产业的业务体系中。长期(2011～2018年)里程碑:使路线图的相关行动与水产业的具体规划方案相协调,以保证可持续性。

预期结果(2018年):水产业拥有的ICS安全程序能够灵活适应技术、操作、标准、规范和威胁环境等因素的变化。

目标2:风险评价

面临的挑战:不充分的评价能力限制了对安全需求的定义;对于ICS风险因素的认识有限;ICS安全威胁者的行为变化迅速和ICS系统的脆弱性;缺乏ICS安全机制的培训资料。

近期(2008～2009年)里程碑:制定水产业ICS风险评价和相关的指南;制定水产业ICS风险评价的行业标准;开发水产业ICS风险评价

工具。中期(2009～2011年)里程碑：开展水产业ICS风险评价工具的相关培训。长期(2011～2018年)里程碑：水产业ICS风险评价工具性能评测，并与其他产业进行比较。

预期结果(2018年)：水产业拥有完善的ICS风险评价工具，并有效地评价各种风险。

目标3：发展和实施可降低风险的措施

面临的挑战：多部门有限的协调与合作决定了只有有限的资源可用于降低风险；难以将新技术整合到已有的系统中，甚至是不可能整合的；需要应对因系统更新等因素引起的各种变化。

近期(2008～2009年)里程碑：建立工作组来开发和维护水产业ICS网络安全标准；制定响应"网络"安全事件的模式/模板；ICS卖方推行可降低风险的措施并将计算机安全性能至少提高到50%；检验和评测目前装备中的已有安全措施及其性能；替换现有的安全认证密码。中期(2009～2011年)里程碑：减少ICS补丁的安装次数与时间；系统设计允许在有必要的时候重启；对操作人员开展ICS安全培训。长期(2011～2018年)里程碑：开发和推广具有自我防御机制的ICS和配套的基础设施；将ICS安全与操作人员的资格认证书结合在一起；实时的安全监控系统达到可商业化的要求。

预期结果(2018年)：针对早期系统、新的系统和相关通信方法的安全解决方案在成本与收益的对比方面是可行的。

目标4：建立合作关系

面临的挑战：合作伙伴之间存在意见分歧；联邦和公共部门的资源没有充分重视降低水产业的ICS风险；在整个水产业全面实施"网络"安全事件应对机制存在现实的困难。

近期(2008～2009年)里程碑：在联邦和州的层面采取激励措施，有效地加快和促进ICS技术与实践方面的投资；增强水产业、交叉部门、卖主和商业伙伴等对ICS安全的重视；发展ICS安全方面的知识并进行共享。中期(2009～2011年)里程碑：在水产业采用ICS安全的行业标准；建立公共交流渠道，增加民众对水产业阻止或削弱"网络"安全事件影响的信心。长期(2011～2018年)里程碑：建立"网络"安全方面的生命周期评估框架；政府提供维护ICS安全方面的支持；服务于水产业及其合作伙伴，识别、理解、并及时发布ICS风险信息。

预期结果(2018年)：水资产拥有者和管理者、政府、资产股东之间开展通力合作，促进ICS安全的进步。

资料来源：Water Sector Coordinating Council Cyber Security Working Group（WSCC-CSWG）. 2008. Roadmap to Secure Control Systems in the Water Sector. http://www.awwa.org/files/GovtPublicAffairs/PDF/WaterSecurityRoadmap031908.pdf

（四）美国国家大气海洋局未来20年研究远景规划中的水相关主题

美国国家大气海洋局(NOAA)是负责全美与海洋、大气和空间天气有关的业务、科研技术开发和管理工作,提供相应的信息产品和服务等的机构。

NOAA的各项科学研究和业务发展都在一定的规划和计划指导下进行,而且每年都要对其战略计划进行滚动修订。2004年,NOAA发布了题为"认识全球生态系统,支持科学决策—— NOAA未来20年研究远景规划"(*NOAA: Understanding Global Ecosystem to Support Informed Decision-making——A 20-year Research Vision*)的报告,围绕如何提高其预测全球生态系统能力,制定了一系列的目标、优先行动和实施计划,其中包含了众多与水、气候等相关的目标和计划。2025年NOAA产品与服务范例具体如表3-1。

表3-1　2025年NOAA产品与服务范例

生态系统	与预报和战略相关的有：缺氧症、有害藻类过度繁殖、海滩封闭、入侵物种、浪涌、空气/水的质量和数量 与气候变化有关的生态评估与预测（如珊瑚礁脱色） 用于生态系统渔业管理、滩涂开发和海洋资源管理的决策支持工具 改进的海平面变化对海岸带资源和生态系统研究中的影响评估 更好地集成海岸带生态系统管理者使用的观测系统数据 考虑气候变化影响的渔业生产力预测
气候	利用地球系统模型改进季内到季度到十年的预报 包括养分流失的水资源与干旱预报 与天气有关的疾病预报（如疟疾、SARS、西尼罗病毒等） 海平面变化的预测 包括土地利用变化的未来气候减缓和适应情景 气候信息与评估的决策支持系统
天气和水	与合作单位共同提供天气预报以及像目前7～10天预报同样准确的10～14天预报 在1小时或更前的时间内做出大风暴和气旋运动轨迹的预报 能够进行区域和大陆尺度空气质量与大气化学成分预测的复杂空气质量及大气化学成分预测模型 改进的河流流量预报模型,使其覆盖从干旱到洪灾的流量水平,并包括地下水、水资源利用、港湾和海岸的相互作用 为农业应用和泥石流预警提供新的土壤湿度预测模型 改进的保护公众免受特殊点源有害物质排放的体制
商业与交通	建立实时大气延迟模型（对流层和电离层）以改进厘米级精度的GPS定位 用更高空间分辨率和精度的测量数据支持安全导航与生态系统研究 研制随时探测和响应变化的车辆/船舶；实时获取天气信息与日常规划工具 耦合电子地图、航海系统和预测模型的先进的实时观测系统 增强航空管理的安全性和能力的新仪器、新技术和新过程 影响运输时间、信赖度、有效性、运输成本以及环境健康的决策支持工具

资料来源：冯筠译,高峰校.2006.认识全球生态系统,支持科学决策——NOAA20年科学研究远景//郭亚曦等.NOAA战略规划报告汇编

二、澳大利亚水产业路线图及国家水资源计划

（一）水产业路线图

《澳大利亚水产业路线图：水产业可持续发展的战略蓝图》（*Australian Water Industry Roadmap—A Strategic Blueprint for Sustainable Water Industry Development*）是2005年5月在Barton Group主导下，澳大利亚多个政府部门、企业及公众共同参与制定的一个路线图。该路线图主要内容如表3-2所示，通过需求、主要策略与产业发展前景三个层面的设计，以期达到"可持续的水循环"框架（图3-6）。

表3-2　澳大利亚水产业路线图

需求	主要策略	产业发展前景
对应享权利与转让风险定义的改善	通过明晰水权定义而减少（理解的）多样性 详细界定与环境共享水所涉及的权利与规则等 提高对气候变化等不确定因素的规划能力以规避风险 保证注册与记录信息的完整性	长远的、确信的、安全的和可持续的投资 公平地分享水资源 以资产负债表的形式公开成果
更有效的体制安排	发展强力的、高效的、一贯的管理机制和工具 发展多边交叉管理机制	在联邦体系内通过体制安排优化水资源综合管理
更好地利用市场手段以强化成果传递	重视个人的选择和机遇，增进创新，以最有效的方式促进公众目标的实现 强化以成果为指向的激励机制，促进创新，鼓励具成本效益的市场交易	降低环境服务功能提供的成本 降低对结构调整的需求，提高生产能力
公众参与和教育	用简单的语言和信息，建立公共的、开放的渠道向社会公众和水产业界传递各种水问题的信息 发展面向所有利益相关者的社区参与和教育计划，如学校以及澳大利亚水产业（AWI）专业人士等 实施一个交流与参与的计划	澳大利亚社会公众了解主要的水问题，并且在地方水问题的解决方面拥有权力和参与机制 五年内澳大利亚的每一个儿童都能向其父母解释水循环
水的价值和定价	加快水价改革，使得付费能够反映水的边际成本，包括对环境的影响 通过水权和水交易应对水价差异 在使得水价反映季节性稀缺和环境影响的边际成本的同时，保证水交易价格低廉	透明的水价机制，真正体现水的价值 通过制度安排，鼓励长期的、可持续的水产业投资
在基础设施与系统方面的投资	评价现有基础设施系统，以促进更高效率系统的出现 在整个澳大利亚，制定第三方参与的相关政策，准许其进入基础设施、污水处理和水服务提供等 鼓励竞争，促进市场对产业发展的激励，以充分利用私营部门的技术和资本 发展更有效的收购制度和风险分摊机制	使得水改革更具成本效益、更快捷 对投资者而言，AWI是一个健全的、盈利的、稳定的市场 在水资源管理方面，AWI成为世界的领先

表3-2（续）

需求	主要策略	产业发展前景
对业绩基准进行严格的审计、测算	开发测算系统，实现复杂信息的及时集成与计算地区与部门之间透明的业绩基准测算，以便迅速地、独立地核算专营部门的业绩	更有效地提供服务重视业绩方面的竞争
明智的管理	建立管理制度与激励机制之间的联系评价、分析和界定现有管理制度和国家标准的不足协调各州之间的管理制度，建立新式的管理制度	管理制度与社会需求、AWI需求之间保持一致的步伐
环境维护和恢复	在整个水循环过程采取"无害排放"原则发展"无害排放"执行标准利用市场机制激励"无害排放"原则的执行引进盐度、养分和工业废物处理的计划	AWI成为资源可持续利用领域的典范
产业发展	为增进AWI服务能力的提高，培养训练有素的科学家、工程师和管理人员投资于新技术、新途径所需的研发，并很好地运作就澳大利亚在水改革方面的成果，建立国际认证确保AWI的需求符合当前以及未来与不同国家和地区之间贸易的需求为支持AWI，促进贸易投资，并发展专业技能	在全球，AWI被认为是提供可持续性水利用途径的权威在AWI基础上扩展的技能库保证了有充足的资源来满足未来时期澳大利亚自身以及出口方面的需求

资料来源：Barton Group. 2005. Australian Water Industry Roadmap—A Strategic Blueprint for Sustainable Water Industry Development. http://www.bartongroup.org.au/AWIR_FINALV10.pdf

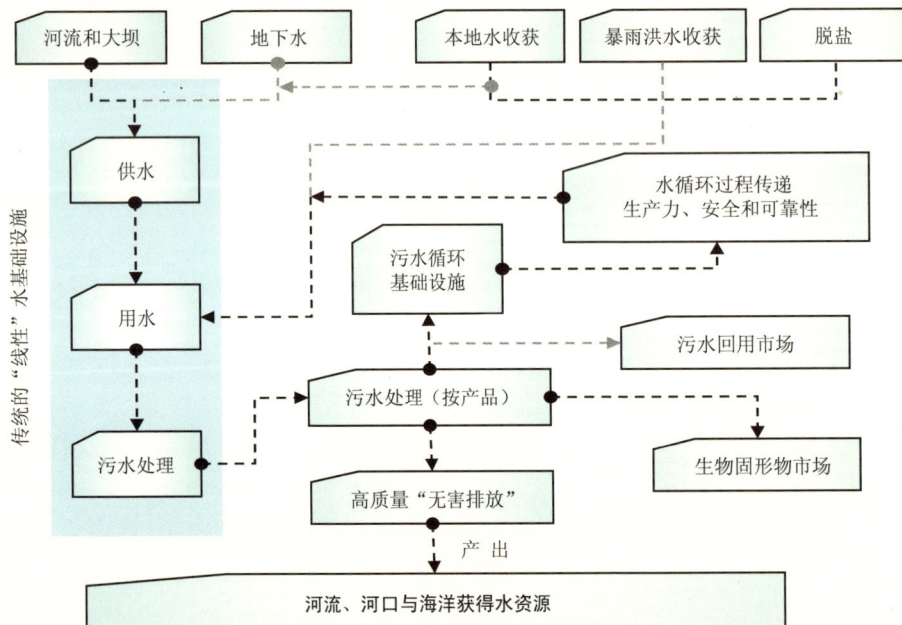

图3-6 澳大利亚"可持续的水循环"框架

资料来源：Barton Group. 2005. Australian Water Industry Roadmap—A Strategic blueprint for sustainable water industry development. http://www.bartongroup.org.au/AWIR_FINALV10.pdf

（二）国家水资源计划

"国家水资源计划"（National Water Initiative，NWI）是澳大利亚各州政府于2004年6月签署(塔斯马尼亚州、西澳大利亚州分别于2005年6月和2006年4月签署)的一项全面性的水资源管理策略,是澳大利亚国家层面的水改革蓝图,该计划涵盖了对整个国家有着重要影响的水资源管理问题,鼓励采用最佳方式来管理水资源,其目的是持续改善水的生产力和使用效率,维持健康的河流与地下水资源系统,维持乡村与都市区的发展(专栏3-3)。

专栏3-3　澳大利亚国家水资源计划

国家水资源计划概要

"澳大利亚国家水资源计划"（以下简称"国家水资源计划"）起源于澳大利亚政务院(Council of Australian Governments)早先所制定的水资源改革框架,该框架由澳大利亚政府以及所有的州及地方政府于1994年签署生效,此后,在指导和推进水资源改革进程方面,该框架被证明是很有效的。

国家水资源计划代表了澳大利亚政府以及所有的州及地方政府对如下问题的共识:

——必须继续提高澳大利亚水资源利用的生产力和效率;

——应满足乡村和城市区域的需求;

——保证河流和地下水系统的健康,包括建立明确的途径使得水资源的开发能够保证所有系统的环境状况的可持续性。

国家水资源计划强调:

——通过协议建立水资源统一调配体系,以促使所有的系统恢复到可持续的水平;

——扩大水贸易以获取更有益的水资源利用以及更具成本效益的、灵活的水资源恢复,以实现环境目标;

——通过更安全的水权与登记管理措施,水资源利用中的监督、申报和计量以及改善的公众信息获取渠道,促使各种水行业的投资更有信心;

——更健全的、透明的和综合的水资源规划;

——在城市环境方面，强调更好和更有效的水资源管理，例如，增进对中水和雨洪资源的利用。

国家水资源计划将很多权利赋予自然资源管理部级理事会（Natural Resource Management Ministerial Council），包括为国家水资源计划的实施制定综合性的指标并监督计划的执行，尤其是提供国家层面的协调。2004年，澳大利亚政府成立了国家水委员会（National Water Commission，NWC），以有效地推进计划的执行。

国家水资源计划目标

总体目标是实现协调化的全国水资源市场、管理与规划体系，并基于此体系管理乡村及城市的地表水和地下水资源，优化经济、社会和环境效益。在更高的层面，国家水资源计划的实施将取得如下成效：

——明确的、与国家利益相协调为特征的水权；

——透明的、合理的水资源规划；

——以法律的形式提供和保证环境以及其他公益性的产出，改善环境管理实践；

——全部归还目前过度使用的水资源，使得水资源开发在环境可持续性所允许的范围内；

——逐步移除水贸易的障碍并满足其他需求，以促进水市场的扩展和深化，并实现开放的水市场；

——明确未来水资源可获得性变化可能导致的风险分担；

——进行水核算以满足对各种水资源系统规划、监测、贸易、环境管理和现场管理等的信息需求；

——在城市和乡村地区营造政策环境以利于提高水资源利用率和创新；

——强调可影响到水用户及社区的未来调控措施；

——强调地表水和地下水之间的连续性，并将其作为统一的资源进行管理。

国家水资源计划在八个相互联系的方面明确了目标、产出以及政府行动，分别是：

——水权和水规划；

——水市场和水交易；

——最佳定价实践；

——以环境和公共福利为目的的水综合管理；

——水资源核算；

——城市供水改革；

——知识和能力建设；

资料来源：http://www.puntofocal.gov.ar/notific_otros_miembros/aus61_t.pdf

为有效推进该计划的执行，根据2004年12月17日批准的《2004年国家水委员会法》（National Water Commission Act 2004），澳大利亚专门成立了"国家水委员会"（National Water Commission，NWC）。它是一个有关环境与水资源的独立法定机构，其宗旨与NWI协议一致，其主要功能包括：评估政府执行NWI的进度，例如，自2006~2007年开始两年一次进度评估（首次两年一度的评估报告已经于2007年8月出版）；协助国家执行NWI（如在相关水行动中扮演领导者和推动者）；管理澳大利亚政府水基金（Australia Water Fund）下的两个方案——澳大利亚明智用水（Water Smart Australia）方案与提升国家水标准（Raising National Water Standards）方案，并提出相关计划供澳大利亚政府决策参考。在其首次两年一度的《国家水资源计划评估报告》（*National Water Initiative—First Biennial Assessment of Progress in Implementation*）中，对2007年3月以前八个目标的执行情况进行了详细的评估。其中，在"知识和能力建设"方面，着重指出了六个方面的问题以及相应的建议：提升科技支撑计划的水平，提高对地表水和地下水相互关系的认知，重新分配水资源以满足环境需求，增进"截取管理"方面的知识，水核算与水计量方面能力的提高和推广，技能短缺。

三、拉美地区水协同管理路线图

《拉美地区水协同管理路线图》（*Roadmap to Water Management Synergy in the Americas*）是由"Office for Sustainable Development and Environment of the Organization of American States"于2005年5月完成的一个路线图。该路线图旨在促进拉美国家在跨界河流协同管理方面的进展，主要是总结了当前水资源综合管理

方面的趋势以及拉美国家现有的一些水质标准,并在此基础上提出了促进拉美国家之间水协同管理的两种可供选择的途径(专栏3-4)。

专栏3-4《拉美地区水协同管理路线图》

拉美国家已经逐渐认识到水资源及其综合管理的重要性,并且认为有必要调整国家计划和政策,以确保在做出所有的经济决策时都能充分考虑对水环境的影响。

当前水资源综合管理的现状与趋势:尽管拉美地区的大部分国家已致力于水资源综合管理,但是许多国家仅仅取得了有限的进步,还需要做出更多努力,甚至有些国家还只是刚刚起步,对经济和技术方面的需求阻碍了改革的进行。

拉美国家目前采用的水质量标准:水资源综合管理的前提是统一水质量标准,进而协调国家间所做出的努力,并要求各参与国遵守所达成协议中的一系列规定,以达到水资源综合管理的目标。

制定和执行水资源综合管理的国家层面法律框架:一个国家若要达到水资源综合管理的目标,既可以选择颁布法律,也可以选择执行政策。尽管两种方法都是为了达到同一个目标,即给美洲地区的人们提供充足的安全用水,但是两者之间也存在不同之处:贯彻或者调整一个国家的水立法体系主要需要政府立法部门的行动,而在政策方面的改变需要政府行政部门的行动;法律体系比较僵硬,它的规则是强制性的并且对政府的所有部门和组织产生约束,相比之下政策体系更有弹性,条文更具灵活性。

针对所面临的问题,存在两种选项:第一,基于法律,坚持通过谈判建立水资源综合管理协约。第二,基于政策,必须为建立水资源综合管理政策体系做好准备。不管是法律体系还是政策体系,都要有一个所有拉美国家参与的谈判过程。

选项一:在拉美地区为水资源综合管理建立协约。协约或者条约是书面的强制性协定,它由两个或者更多国家在国际法约束下通过谈判而成。建立水资源综合管理协约的最终目标是得到一个强制性的国际性协约,应该包括以下要素:

1)导言。清晰协约任务,在国家和地区层面指出不协调的水管理对环境固有的危害,特别是在可持续性、效率和环境保护方面的危害,界定水资源综合管理协约所针对的问题。

2）强制性的、可监督的条文规定或者规范水资源综合管理。应该包括以下内容：承担转让技术、经验、专业知识和实践知识的义务，以及提供数据、统计知识和水资源方面信息的义务；保证发展法律性框架以促进和保证协约；可持续的、有效的水资源利用框架，以满足水供给以及商业、科学试验等的需求。

3）应对拉美国家所关心的水安全、水短缺问题的管理措施，应包含如下原则：流域的概念，它是制定计划的技术单元和各种水资源综合管理实践的基础；与水有关的自然风险和紧急公共状况出现时的应急计划；灌溉，保证拉美国家制定适当的灌溉法律；水费，水质量标准和政策，蓄水区和地下水的相关规定；水力资源及其他形式的商业、科学和试验用水；大坝等水利设施对水资源的影响；税收与财政来源，保证有充足的资金支持；国家层面水管理信息系统的建设，包括水质、水公共设施、饮用水规范、治理技术、监测和报告等信息；创建一个解决跨边界水域相关冲突的机制。

4）建立秘书处以促进协约的执行和水资源的可持续利用。

5）公平的核查机制和条款，以检查协约执行情况。

A 机构设置：建立一个管理机构以促进协约的执行，建立一套检查协约执行情况的条例并开展一些项目，具体包括：定期检查协约参与者的职责和机构设置；促进参与者信息的交流；促进以流域为单元的管理与协调，特别是在跨界流域；评价参与者对协约的执行情况，评价协约执行所取得的效果；协约执行过程中定期发布报告或公告；对协约执行过程中的重要问题提供建议；向有实力的国际组织、政府间组织和非政府组织寻求经济与技术方面的援助。

B 总部设置：考虑到美洲峰会（Summit of the Americas）在促进可持续发展、灾害管理、健康、财政援助等方面所发挥的突出作用，它应该是最理想的总部设置候选。可供备选的是美洲国家组织，由一个或者多个拉美国家领导和发起。

C 从准备到生效的时间安排：据以往国际协约谈判的经验，协约从初始准备到生效需要两年半到六年。主要包括以下步骤：准备阶段——执行者调查自己国家所关心的水问题，并且对机构概况、法律、所有权、关心地域、污染等问题做出评价；正式谈判阶段——这个过程应该是透明的，结果对公众开放，并且充分考虑参与国的发展状况和规模，以方便所有国家积极参与，参与国要达成一致，主席国和副主席国以及协调方要全程参与，还要为商谈设定最后期限；协议起草阶段——参与国组建谈判代表队并且准备谈判的草稿，达成的官方谈判协议要提交给所有的参与者；协议实施阶段——根据各国的国情，协议的实施需要不同的方法，比如现行的法律法规、民间组织、政府机构的能力等都会影响协议的实施。

D 支持协约的观点：协约的制定能极大地促进更有效的法律和制度框架以及行为。在协约机制下，所有参与国都具有同一个目标，即提供充足的安全水，因而能够达到协同管理的目的；协约具强制性，而且能促使参与者发挥出最大作用；协约还包括一个精确的时间表以使参与国能按照条文规定逐步实施；来自国际组织的协助能帮助谈判的进行。

E 反对协约的观点：首先，人们担心为协约进行的谈判能否快速结束。谈判面临许多相互矛盾的利益，协约具有强制性，参与者不愿意协约包含可能危害本国利益的条款。另外，在处理跨界水域时，可能会引发社会问题，如果不能提出满意的方案，谈判会陷入僵局。其次，人们担心协约在经济上能否可持续。实施协约使得定期召开会议成为必要，同时还要建立一个永久的秘书处，保证这些部门有充足的资金是一项艰巨的任务。

选项二：为拉美地区的水资源综合管理建立政策框架。政策框架应该包括一个长期的行动计划和一系列建议，达到将水资源综合管理目标和实现这些目标所需要的行动联系起来的目的。框架应该包括：一系列的原则，指导水资源综合管理过程中的主管态度与实施途径；一个核心的政策框架，为已参与国和后继的参与国制定草案时提供参考（其目标包括：统一相关概念，并将其作为计划、决策和管理的技术支持；加强行政、政策与程序方面条例的制定，促进在地区、国家等层面上的水资源综合管理；鼓励为水资源综合管理提供财政支持；鼓励建立和维护水管理信息系统；鼓励采用有效机制促进公众参与）；一些技术方面的建议，服务于政府和民间组织的框架执行过程；框架执行过程中的实践经验和教训。

A 机构设置：建立一个水合作计划，该计划应获得参与国、双边或多边机构的帮助。可通过已有的区域组织机构负责相关的协调，参与国围绕共同的项目确保在面对挑战时能够协调行动。

B 总部设置：美洲国家组织（Organization of American States）和美洲峰会（Summit of the Americas）都能够为水资源综合管理提供理想的组织功能，美洲对话和水管理组织（The inter-American Dialogue on Water Management）也是理想的候选。

C 从准备到生效的时间安排：谈判阶段——需要政府和民间社团参与，对国家水管理方面的情况做出评定，并且给出主要问题的各种解决方案；起草政策框架——代表应该讨论并且准备政策框架的草案和行动建议，正式版本应该在代表间传递；批准或者遵守政策框架——参与国通过其全权代表批准，或采用其他形式表明他们对政策框架的拥护；实施阶段——建立水合作行动计划以促进政策框架的实现，并且保证必要的资金支持。

D 支持政策框架的观点：首先，政策框架是弹性的，因此快速的商谈是可能的。其次，它包含了一系列建议和行动计划，但参与者不必承受严格遵守协约的压力。最后，实施水资源综合管理的国家能以新的经验不断改进政策框架。因为它是弹性的，其建议总是充满活力，并且得到创新性的发展。

E 反对政策框架的观点：它充满弹性，因此不像协约一样有效率；另外，它不具强制性，参与国可能在条款中包含不实际的事项，跨界水域的处理等问题可能难以得到规划；另一个担心是该机制在经济上能否持续发展。

资料来源：Juan Cruz Monticelli（Office for Sustainable Development and Environment Organization of American States）. 2005. Roadmap to Water Management Synergy in the Americas. http://www.oas.org/dsd/Documents/Draft_water_convergence.pdf

四、英国生态与水文研究中心未来5年水计划*

2008年4月30日，英国自然环境研究委员会（NERC）生态与水文研究中心（CEH）发布了《适应我们变化世界的集成科学：2008—2013年科学战略》（*Integrated Science for Our Changing World: SCIENCE STRATEGY 2008 – 2013*）。该战略的目标是针对人类现今所面临的最紧迫的环境问题，提供国际领先的解决方案，并以此实现其成为世界领先的陆地和淡水生态系统综合科学研究中心的愿景。战略指出了CEH未来5年将面临的六大科学挑战，并制定了生物多样性、水和生物地球化学三方面的科学计划。

---

* 资料来源：中国科学院国家科学图书馆. 2008. 科学研究动态监测快报, 资源环境科学专辑. 第13期（总第90期）

水计划的内容主要包括以下几点：

1）为了实现水资源的可持续利用，CEH将从不同的时间和空间尺度综合地了解空气、土壤和水之间的关系。CEH还将继续为制定和实施英国和欧盟层面的水政策（包括水框架指令）提供支撑。

2）CEH将扩充和提高其在地表水体观测方面的专业知识，包括低地与高地的河流和湖泊的形态、生物和化学方面的知识。研究人员将利用观测数据来确定水体环境发展的趋势和评价现有的模型或创建新的模型。此外，CEH还将建立旗舰室外观测站，作为英国和欧盟网络与大学、NERC其他研究中心合作的一部分。这将使研究人员能够进行新技术、测定演进过程关联关系的试验及适当尺度模型的开发与应用。

3）CEH将开展监测、试验和模拟工作，以明确生命和非生命过程及其相互作用在淡水水体中的作用。结合CEH的生物多样性计划，研究人员将评估淡水生态系统演进过程中生物多样性变化的后果，并确定潜在的、对环境变化极度敏感的关键物种。然后，他们将通过环境信息数据中心（EIDC）开展新的分析，如流域层面的数据集成。

4）CEH将利用新的原位传感器技术，提供高频数据。研究人员将在一个更广阔的空间尺度上，重点描述和量化淡水与海洋环境以及陆地和淡水生态系统之间的演进过程、相互作用和反馈机制。因此，CEH将扩展其与英国地质调查局在测定地下水和地表水体相互作用方面的合作，以及与普劳德曼海洋实验室（Proudman Oceanographic Laboratory）的合作。

5）当前对水循环、地表和大气之间的反馈以及在全球气候模型中如何描述对演进过程的理解等方面，在认识上还存在局限性。因此，CEH将解决由此所带来的在预测未来气候变化方面仍然存在的、主要的不确定性问题。研究人员将利用从小区尺度（plot scale）到流域尺度的监测和试验研究数据来减少这些不确定因素并测试模型的产出。

6）CEH将提高其模拟能力，以能正确地评价全球变化对水资源可用性产生的可能影响。具体而言，CEH将评估和量化流域中土壤的微生物过程、植被、土壤的碳储存和释放及水通量之间的相互关系。由于旱涝灾害会对社会经济产生深刻影响，因此，CEH将根据预期或预测的土地利用变化和气候变化情况来量化这些影响。

五、日本水循环研究计划*

1996年7月，日本政府由科技厅组织相关专家，为应对全球变化，制定了二十年全球变化研究计划，核心内容包括气候变化、水循环、全球变暖及综合模拟等，并提出与美国合作实施研究计划。1997年3月，设立日本和美国北极圈及太平洋联合研究中心，10月日本国内全面启动该研究计划。

水循环变化研究计划主要针对欧亚大陆及亚洲季风区水循环、水资源变化机理，人类活动如何影响等问题，通过亚洲季风区全球能量水分循环实验（GAME/GEWEX）的实施，充分利用遥感卫星技术及高分辨率的水文–气候模型等。

水循环变化研究计划下设三大研究领域：

1）区域水循环过程研究。主要利用过去几十年的观测资料，通过大气循环模型及陆面模型的运行，阐明全球尺度、陆地尺度及大流域的水循环变化特征、变化机理，特别是亚洲季风区的水文、气候、水循环变化等物理过程机理及模拟。

2）陆面水循环研究。研究包括冰川、冻土区的冰冻圈的能量、水循环变化机制；针叶林、热带雨林、热带季雨林等生物圈组分中的能量、水分循环过程；从蒙古到中亚的中纬度干旱区水循环过程等；研究方法主要是收集和分析水文和气象数据、地理信息数据、区域卫星数据，以及GAME项目数据。通过研究，阐明流域及大陆尺度的一维、二维降水、蒸发、径流过程机理，建立高分辨率模拟模型，反演过去和预测未来。

---

* 资料来源：日本科技厅. 1996. 地球环境观测研究. http://www.jamstec.go.jp/frsgc/jp/index.html

3）云、降水过程研究。云在全球水循环、能量循环、物质循环及大气循环中起着重要作用；它影响着云量、降水的变化，土壤水分含量和河川径流，淡水供应，以及海洋生态系统等。然而，对有云存在的水均衡计算及辐射平衡计算的数学模型十分缺乏，也是大多数气候模型的一个非常不确定的因素。

该研究主要研究云微物理过程、参数化、建模，以及对大气辐射影响参数化。

第二节 中国水科技发展规划

一、《国家中长期科学和技术发展规划纲要（2006—2020年）》

《国家中长期科学和技术发展规划纲要（2006—2020年）》中指出水资源是经济和社会可持续发展的重要物质基础，中国水资源严重紧缺，资源综合利用率低，农业灌溉水利用率远低于世界先进水平。在此基础上确定中长期水资源科技发展的思路和主题，见专栏3-5。

专栏3-5 《国家中长期科学和技术发展规划纲要（2006—2020年）》水资源领域优先主题及其他涉水内容

发展思路：坚持资源节约优先。重点研究农业高效节水和城市水循环利用技术，发展跨流域调水、雨洪利用和海水淡化等水资源开发技术。

优先主题：

1）水资源优化配置与综合开发利用：重点研究开发大气水、地表水、土壤水和地下水的转化机制和优化配置技术，污水、雨洪资源化利用技术，人工增雨技术，长江、黄河等重大江河综合治理及南水北调等跨流域重大水利工程治理开发的关键技术等。

2）综合节水：重点研究开发工业用水循环利用技术和节水型生产

工艺；开发灌溉节水、旱作节水与生物节水综合配套技术，重点突破精量灌溉技术、智能化农业用水管理技术及设备；加强生活节水技术及器具开发。

3）海水淡化：重点研究开发海水预处理技术，核能耦合和电水联产热法、膜法低成本淡化技术及关键材料，浓盐水综合利用技术等；开发可规模化应用的海水淡化热能设备、海水淡化装备和多联体耦合关键设备。

4）综合资源区划：重点研究水土资源与农业生产、生态与环境保护的综合优化配置技术，开展针对中国水土资源区域空间分布匹配的多变量、大区域资源配置优化分析技术，建立不同区域水土资源优化发展的技术预测决策模型。

涉及水资源领域的其他优先主题——重大自然灾害监测与防御：

重点研究开发地震、台风、暴雨、洪水、地质灾害等监测、预警和应急处置关键技术，森林火灾、溃坝、决堤险情等重大灾害的监测预警技术以及重大自然灾害综合风险分析评估技术。

面向国家重大战略需求的基础研究：

1）人类活动对地球系统的影响机制：重点研究资源勘探与开发过程的灾害风险预测，重点流域大规模人类活动的生态影响、适应性和区域生态安全，重要生态系统能量物质循环规律与调控，生物多样性保育模式，土地利用与土地覆被变化，流域、区域需水规律与生态平衡，环境污染形成机理与控制原理，海洋资源可持续利用与海洋生态环境保护等。

2）全球变化与区域响应：重点研究全球气候变化对中国的影响，大尺度水文循环对全球变化的响应以及全球变化对区域水资源的影响，人类活动与季风系统的相互作用，海-陆-气相互作用与亚洲季风系统变异及其预测，中国近海-陆地生态系统碳循环过程，青藏高原和极地对全球变化的响应及其气候和环境效应，气候系统模式的建立及其模拟和预测，温室效应的机理，气溶胶形成、演变机制及对气候变化的影响及控制等。

资料来源：中华人民共和国国务院. 2006. 国家中长期科学和技术发展规划纲要(2006—2020 年). http://www.gov.cn/jrzg/2006-02/09/content_183787.htm

二、国家自然科学基金委员会水资源领域研究目标

国家自然科学基金委员会在其编著的《地球科学"十一五"发展战略》中对"水循环与水资源"问题进行了专门论述，指出：

以水资源紧张、水污染严重、洪涝灾害为特征的水危机,已成为制约中国可持续发展的关键因素,水资源节约型社会建设的科技支撑和水安全保障是国家重大战略需求问题。所确定的关键科学问题、目标和重要研究方向见专栏3-6。

专栏3-6　国家自然科学基金委员会确定的"十一五"水循环与水资源科学研究中的关键科学问题、目标和重要研究方向

关键科学问题:变化环境下的流域水循环规律和水与气候、生态、环境、社会的相互作用机理。前者包括:自然水系统(大气水-地表水-土壤水-地下水)的变化和区域水资源形成与转化关系;人类活动对山区、平原和城市水循环的影响量级和成因,各类水资源的衰减和可再生性维持机理;社会水循环的驱动机理(即地区经济发展、经济结构转型过程中水资源的需求规律,社会水循环的"供-用-耗-排"变化与控制因素,生活、生产与生态用水变化的驱动机理)。后者包括:不同尺度地表水与地下水、大气与陆地、淡水与咸水、全球变化与流域系统、质与量、水体和生态系统的水资源变化的过程与格局演化的规律。

目标和重要研究方向:研究水资源形成演化的时空特征及其与气候变化、人类活动的关系,建立立体水循环模式,揭示水资源利用对生态环境影响规律,提出水资源宏观调控和优化利用模式,为区域经济社会可持续发展提供支撑。

1)大陆尺度水循环规律与水资源形成转化机制:水循环多尺度综合观测与对比实验,水系中水资源的形成与转化关系,中国大陆水系统和水循环时空变化格局,大陆水循环的主要控制因素及其演化趋势。

2)流域水系统与生态系统和气候的相互作用:陆地生态系统变化及不同覆被的区域耗水规律,流域生态平衡与生态需水规律,水系统及其分量与生态系统的耦合关系,河流系统退化的机理及与水循环的相互关系研究,气候变化对水循环的影响。

3)区域水循环及水资源综合集成系统与模型:分布式单元水循环动力学机制与过程模拟,自然与社会水循环相互作用与综合模拟系统,综合集成模型参数估计,模型验证与不确定性研究。

4)水循环变化与水资源可持续利用:地表水、地下水和大气水资源的合理开发利用,人类活动(跨流域调水)对区域水循环影响及生态效应,不同区域水循环变化与水资源可持续利用,区域生态保护与水资源之间的平衡模式,水资源安全与水循环的调控机理。

5)重大工程对环境的影响:大型水利工程与自然灾害,大型水利工程对生态系统的影响,重大工程对环境影响的综合评价。

资料来源:国家自然科学基金委地球科学部.2006.地球科学"十一五"发展战略.北京:气象出版社

三、《水利发展"十一五"规划》中的总体思路与科技需求

《水利发展"十一五"规划》中关于水利发展和改革的总体思路见专栏3-7。虽然规划中没有直接论述对水资源领域科技发展的需求,但是水利发展和改革的总体思路、目标任务和总体布局等内容都深刻地体现了对科技发展的强烈要求,主要概括为如下方面:水资源时空调配技术、流域和区域水资源优化配置技术、洪水风险管理与资源化技术、农业节水灌溉技术、地下水环境监测技术、水土流失和生态脆弱区生态修复技术、水资源管理体制、流域管理体制、水权、气候变化对水资源的影响研究、重大水利工程对气候的影响研究等。

专栏3-7 《水利发展"十一五"规划》中关于水利发展和改革的总体思路

合理开发利用水资源。根据水资源承载能力调整经济结构和优化生产力布局,统筹协调生活、生产和生态用水,优先保障城乡居民生活用水。合理规划和建设水资源调配工程,搞好流域和区域水资源优化配置,提高对水资源在时间和空间上的调控能力。全面建设节水型社会,不断提高用水效率和效益。

加强防洪减灾能力建设。按照人与自然和谐的理念,给洪水以出路,防治洪水与规避洪水风险相结合,科学合理地安排河道整治、堤防加固、湖泊治理、控制性枢纽和蓄滞洪区建设,合理调节和利用洪水;建立洪水管理制度,避免经济建设、城市建设盲目向洪水高风险地区发展,努力实现由控制洪水向管理洪水转变。

加大农村水利基础设施建设力度。大力发展节水灌溉,健全和完善农田灌排体系,保护和提高农业特别是粮食综合生产能力。探索建立新时期农田水利建设新机制,在不断加大政府投入的同时,调动广大农民自觉开展农田水利基本建设的积极性。在保护生态的基础上有序开发小水电资源。

加快水资源保护和水污染防治步伐。严格保护地表和地下水资源,进一步强化环境监管,加快推进重点流域水污染防治进程,加强污水处理和再利用,扭转水环境恶化趋势,维护河流健康。以预防保护为主,加强有效监督,充分依靠生态自我修复能力,采取综合措施,国家投入与政策引导相结合,加强对重点水土流失地区和生态脆弱地区的综合治理,保护水土资源和生态环境。

进一步深化改革,强化管理。系统分析制约水利发展的主要体制性障碍和水利管理中的薄弱环节,以水资源管理体制、流域管理体制、水利工程建设运行管理体制和投融资体制、水利资产管理体制等方面改革为重点,推进制度创新,使关系水利发展全局的重大体制改革取得突破性进展;建立国家初始水权分配制度和水权转让制度;建立健全水资源开发、利用、节约、保护和防治水害的制度体系,完善政府的社会管理和公共服务职能,全面提高管理能力和水平,为可持续发展提供强有力的体制和制度保障。

深入研究气候变化与水利建设的相互影响关系。密切关注和研究全球气候变化对水资源开发利用,以及重大水利工程建设对局部气候变化的可能影响,加强监测分析,预筹对策。扩大水电等再生能源利用,减少温室气体排放。加强水利防灾减灾工程建设,提高抗御水旱灾害的能力,降低极端气候事件的危害程度。

资料来源:国家发展和改革委员会,水利部,建设部. 2007. 水利发展"十一五"规划. http://www.sdpc.gov.cn/zcfb/zcfbtz/2007tongzhi/W020070607490857858318.pdf

四、《国家环境保护"十一五"科技发展规划》中的发展目标

《国家环境保护"十一五"科技发展规划》中强调"十一五"期间要重点解决以下水环境科技问题:流域或跨流域水环境容量、生态环境容量测算技术方法和实施技术路线;重点流域水环境承载力和生态需水量阈值;饮用水安全保障技术、面源控制技术、水污染控制生物与物化技术和中小城镇污水处理厂成套技

术与设备、城镇污水厂污泥处理利用等。具体而言,所确定的水环境科技领域发展的具体目标、重点领域和优先主题见专栏3-8。

专栏3-8 《国家环境保护"十一五"科技发展规划》中水环境科技领域发展的具体目标、重点领域和优先主题

具体目标:以城市集中饮用水水源和农村饮用水安全保障为重点,进一步完善国家水环境保护战略、政策与标准,研发一批科技含量高、应用前景广、具有核心竞争力的流域水污染控制与修复关键技术,改善中国地表水水质,减缓地下水污染,提升中国流域水污染预防、控制、治理整体科技水平。

重点发展领域与优先主题:

(1) 饮用水安全保障及关键支撑技术

选择南水北调、三峡库区、大江大河入海口等具有战略意义和重大污染问题的水源地,以水源水质改善与生态保护区为核心,开展水源地保护与生态修复研究;以大中型城市供水为重点,以水质安全风险控制为核心,研究开发饮用水质安全保障的技术体系,进行技术集成和应用示范。

针对村镇地表水源和浅层下水源污染、净水工艺技术落后、水质安全缺乏保障等重要问题,研究开发适合村镇饮用供给特征和经济水平、工艺先进、运行简便的系列技术和集成系统,进行分类应用示范。

研究饮用水源中有毒有害有机物去除技术、藻毒素去除技术,研究灵敏、快速的水源地水质自动监测方法,开发饮用水源中重要有机、有毒污染物的痕量与超痕量检测技术。

支持地下水污染控制技术研究。重点研究石油、化工、固体废物存放地、垃圾填埋场等典型污染场地地下水污染的过程与规律;建立区域地下水污染风险评估指标体系,开发地下水污染评估模型和综合调控技术,探索地下水环境质量的恢复机理机制。

(2) 流域(区域)水污染控制与工程示范

以淮河、海河、辽河、松花江、三峡水库库区及上游,黄河小浪底水库库区及上游,南水北调沿线,太湖、滇池、巢湖为重点,开展流域(区域)水污染物总量控制与削减方案研究;通过区域污水集中控制、河道净化与修复、污水回用与生态水资源保育等技术集成和工程示范,实现流域

(区域)水污染物总量控制与分配关键技术突破,支持国家"十一五"水污染物总量削减计划的实现;重点开展太湖等重点流域水污染控制与生态修复技术,三峡库区水体富营养化控制技术,淮河等重点流域污染治理与水体修复技术,以及南水北调沿线污染控制与水质改善技术等的研究。

开展梯级水电开发活动与流域重大工程项目对流域水生态与水环境的影响研究;建立流域水生态与水环境优化调控技术方法体系及流域开发与规划的环境影响评估技术与方法体系;支持开展干流、河口与海岸带及近海海域污染物通量与陆源控制区划与规划研究,优化流域(区域)经济社会协调发展空间,提出解决区域和流域水污染冲突问题的技术办法和管理措施。开展流域水污染控制规划评估研究;研究在流域水污染控制中逐步引入生态管理的方法。

深化长江三角洲、珠江三角洲、环渤海区域水、气、土复合污染机理与调控技术研究;继续支持湖泊和水库富营养化形成机理及水环境生态恢复的技术方法体系研究;支持河口与近岸海域污染削减与控制相关技术研究,研究环境水体的脱氮除磷技术;开展适合于高寒地区水污染处理工艺技术研究和处理设备研制。

(3) 城市水环境质量改善与生态建设

加强城市污水处理系统的深度脱氮除磷集成技术研究;研制开发城市污水处理厂污泥处置与资源化利用关键技术及成套设备,构建高效经济的城市污水处理与综合利用技术模式。

研究城市区域整体水环境质量改善及水体修复技术,选择具有代表性和战略意义的城市区域,研究构建以水为核心的城市生态系统的关键技术,研究城市水环境综合服务功能构建与保障技术,研究制定城市水环境的合理利用与系统管理方案。

资料来源:国家环境保护总局. 2006. 国家环境保护"十一五"科技发展规划. http://www.sepa.gov.cn/image20010518/7384.pdf

第四章

中国至2050年水资源领域科技发展综合路线图

第一节　水资源领域科技发展路线图的研究方法

一、研究目的

在中国,以水资源短缺、水污染蔓延、水生态失衡、水灾害加剧和水管理落后等为基本特征的水问题不仅长期存在,而且日益严峻。各种水问题因全球环境变化而具有很强的不确定性,已构成中国经济社会可持续发展的巨大挑战和严重威胁。目前,在水管理体制方面,部门解决取向突出、跨界水问题普遍,不利于各种水问题的缓解和解决,也是亟待改革与完善的重要方面。因此,满足国家重大需求、瞄准科技发展前沿,开展"中国至2050年水资源领域科技发展路线图"研究,为中国未来时期水问题的解决提供科技支撑和战略咨询,这是非常迫切也是意义重大的任务。

"中国至2050年水资源领域科技发展路线图"研究的基本目的包括:

1)"水资源"包含水资源、水环境、水生态、水灾害、水管理5个水问题,系统总结其在中国的现状特征、发展趋势以及相应的国内外科技发展现状和趋势,并制定应对水问题所应该遵循的科技发展战略。

2）按照近期（至2020年前后）、中期（至2030年前后）、长期（至2050年前后）三个时段，从国家需求和科技前沿两个方面出发，识别和确认未来不同时间阶段为应对水问题而应该重点发展的科技领域，这些科技领域应该是经济可行的，既包括对现有（当代）技术的综合集成和提升，又包括对前瞻性（下一代）技术研发的超前规划。

3）绘制"中国至2050年水资源领域科技发展路线图"，分析所制定的科技发展战略和所确认的重点科技领域的保障措施和手段，并根据其内在的交叉与联系，确认和提出若干能够促进其逐步实施和实现的重大项目建议。

二、研究方法

科技发展路线图研究属于比较前瞻性的研究领域，需要综合运用多种研究方法，主要包括：

1）"自下而上"与"自上而下"相结合。包括两方面的含义，一是指路线图研究的组织方式，成立专家组，通过整体设计，自上而下开展科技预见、科学展望、情景分析与不确定性分析等，并自下而上由相关专家提供专题研究成果和修改意见；二是研究的思路与主线，将国家需求和科技前沿相结合，自上而下分析水相关领域的国家需求，自下而上总结水相关领域的科技发展趋势与前沿，进而双向结合，获得"交集"，通过综合形成路线图。

2）技术预见与科学展望。技术预见是"对科学、技术、经济、环境和社会的远期未来进行有步骤的探索过程，其目的是选定可能产生最大经济和社会效益的战略研究领域与通用新技术"。一般而言，技术预见包括情景分析、重要或新兴科学技术领域研究、热点专题研究、大规模德尔菲调查等方面内容。科学展望是指在总结和分析某一特定科研领域现状的基础上，预测和确定科学研究未来发展方向的过程，其工作方式以定性的专家调查法和定量的数据分析法为主。

3）专家法。组成了22人的专家研究组，分水资源、水环境、水生态、水灾害和水管理5个领域，利用和发挥专家的知识、经验和阅历,分析和确定不同水问题对应的科技发展需求和趋势。报告起草组成员主要通过引文分析法,准确把握相关的国家需求和科技前沿以及不同水问题之间的关联性,并制定分领域、分问题的科技发展路线图以及综合性的科技发展路线图,形成供项目专家组以及其他专家审阅和讨论的报告初稿。在此基础上,项目组专家和其他专家对初稿进行评估和研讨,包括基于互联网通信的审阅评估以及集中式的研讨会评估讨论等多种形式,根据专家评估意见对路线图报告进行修改和完善。通过多次的反复过程,逐渐形成研究报告的最终稿。

三、技术流程

研究的技术流程主要包括5个步骤:识别国家需求、确立发展目标、确定发展目标的指标集、确定科技问题和关键技术、确定具有战略意义的重大科技任务。具体如下:

步骤一:识别国家需求——通过文献查阅、专家咨询等方式,识别当前及未来时期中国大多数区域所面临的基本的水问题。需要强调问题的普遍性、严重性和代表性,以及在气候变化、人口变化、经济社会发展等背景因素下这些问题的发展趋势。在此基础上,了解应对这些水问题的主要科技领域的发展现状和发展趋势。

步骤二:确立发展目标——针对不同的国家需求,确立相应的科技发展目标。发展目标属于较高级别和形态的目标,而且非常接近于产业发展目标,其作用在于建立起路线图的基本架构,其特点是直接面向国家需求,具有较强的针对性;同时,发展目标也具有较为突出的综合性,往往覆盖多个科技领域。

步骤三:确定发展目标的指标集——指标集是对发展目标的量化补充,主要是筛选出若干有代表性的、直观的、易于理解和便于操作的具体量化指标,一个发展目标可能对应不同的量化指标。指标集需要体现阶段性,应根据中国的现状水平、发达国家的现状水平、经济社会发展的阶段性趋势特征等综合确立出不同大小的指标值。

步骤四：确定科技问题和关键技术——在发展目标及其指标集确立的基础上,细化出不同的科技问题和关键技术。科技问题的特点是相对比较具体,在促进发展目标的实现(包括指标集的"达标")方面具有很强的针对性。不同的科技问题之间一般具有较为清晰的学科界限,在每个科技问题内部,进一步确立若干个当前及未来比较重要的关键技术,其特点是属于更为具体的研究方向或研究项目,而且是以技术研发为主,较少涉及基础性的科学问题。

步骤五：确定具有战略意义的重大科技任务——站在国家层面,并定位于长期发展的高度,提出和部署若干重大科技任务,这将是促进科学认知与技术进步的重要途径,将是满足国家需求、实现发展目标的原动力。具体而言,将分别从基础性研究、前瞻性技术研发、流域研究与管理和中国区域水资源问题对策四个方面提出当前及未来时期中国的"重大科技任务"。

第二节　中国应对未来水危机的战略性指导思想

基于上述对中国水问题基本特征的总结及其变化趋势和不确定性特征的分析,以及对国内外水科技发展现状、差异、路线图案例或科技发展规划等的分析,明确提出中国至2050年水资源领域科技发展的国家需求,即总目标是人水和谐,可分解为水可持续利用、水环境健康、水生态安全和防灾减灾4个分目标,反映了水资源、水环境、水生态和水灾害之间的相互反馈作用的复杂关系,需要通过水资源综合管理方面的政策、措施与技术的发展和完善促进这"四水"之间的协调和综合调控。

应对复杂多样的综合性水问题、克服水危机对经济社会发展的威胁和限制需要有系统性、战略性的指导思想,主要包括:以水循环特征和规律作为治理的理论基础,以人水和谐、良性水循环作为基本理念,以促进需水零增长的实现作为实践的总体目标,以循环经济、水权管理、水市场交易等作为技术与管理の基本途径,重视和加强对大江大河(长江、黄河等)与重点地区(青藏高原、华北、西北、东北、东南沿海等)水问题的治理。需要重点强调的策略包括节水优先、治污为本、多方开源、防灾减灾、统筹管理。

第三节　中国至2050年水资源领域科技发展综合路线图

基于上述应对和解决中国未来水危机的战略性指导思想,应实施"中国至2050年水资源领域科技发展综合路线图",构建中国水资源保护与高效利用体系(图4-1)。

具体而言,在水资源、水环境、水生态、水灾害、水管理等方面系统认知的基础上,重点解决三大科学问题,重点突破5项关键技术,建设3个综合集成平台,具体安排如下:

至2020年前后,以提高水资源利用效率和改善水质为重点,解决流域水体与重点地区地下水复合污染机理问题,突破水资源高效与循环利用、水体富营养化的综合防治等技术问题,初步建立水量水质监测与评价、水灾害预警、需水管理与信息系统3个综合集成平台。

至2030年前后,基本解决流域水生态恢复原理科学问题,重点突破河流环境流量与调控、地下水合理开发与调蓄、突发性重大水灾害综合防治等关键技术,形成建立中国水需求科学管理体系的科学基础。

至2050年前后,解决全球变化下的水循环演化规律科学问题,解决地下水污染治理与生态恢复,实现水的良性循环。

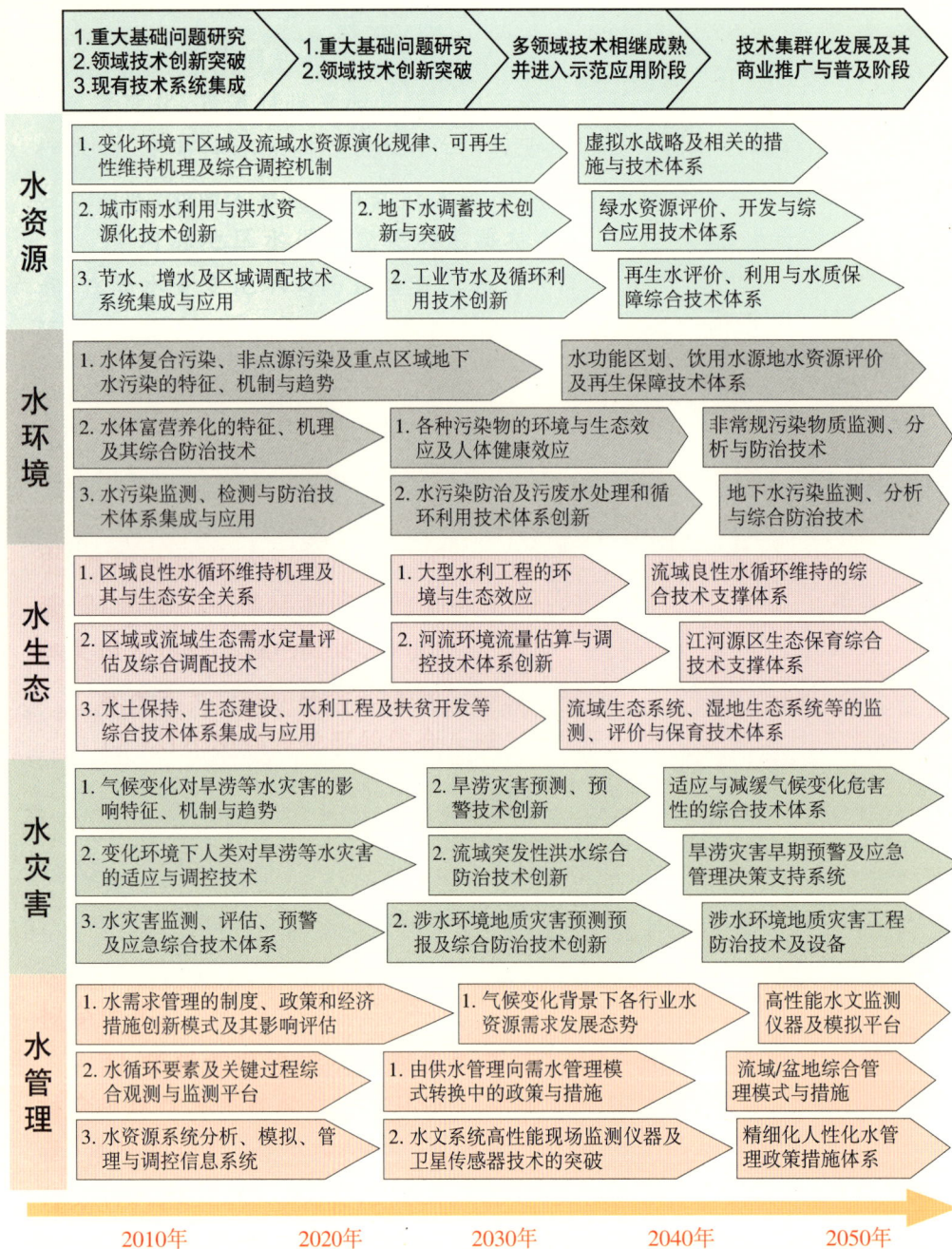

图4-1　中国至2050年水资源领域科技发展综合路线图

	1.重大基础问题研究 2.领域技术创新突破 3.现有技术系统集成	1.重大基础问题研究 2.领域技术创新突破	多领域技术相继成熟并进入示范应用阶段	技术集群化发展及其商业推广与普及阶段
水资源	1.变化环境下区域及流域水资源演化规律、可再生性维持机理及综合调控机制		虚拟水战略及相关的措施与技术体系	
	2.城市雨水利用与洪水资源化技术创新	2.地下水调蓄技术创新与突破	绿水资源评价、开发与综合应用技术体系	
	3.节水、增水及区域调配技术系统集成与应用	2.工业节水及循环利用技术创新	再生水评价、利用与水质保障综合技术体系	
水环境	1.水体复合污染、非点源污染及重点区域地下水污染的特征、机制与趋势		水功能区划、饮用水源地水资源评价及再生保障技术体系	
	2.水体富营养化的特征、机理及其综合防治技术	1.各种污染物的环境与生态效应及人体健康效应	非常规污染物质监测、分析与防治技术	
	3.水污染监测、检测与防治技术体系集成与应用	2.水污染防治及污废水处理和循环利用技术体系创新	地下水污染监测、分析与综合防治技术	
水生态	1.区域良性水循环维持机理及其与生态安全关系	1.大型水利工程的环境与生态效应	流域良性水循环维持的综合技术支撑体系	
	2.区域或流域生态需水定量评估及综合调配技术	2.河流环境流量估算与调控技术体系创新	江河源区生态保育综合技术支撑体系	
	3.水土保持、生态建设、水利工程及扶贫开发等综合技术体系集成与应用		流域生态系统、湿地生态系统等的监测、评价与保育技术体系	
水灾害	1.气候变化对旱涝等水灾害的影响特征、机制与趋势	2.旱涝灾害预测、预警技术创新	适应与减缓气候变化危害性的综合技术体系	
	2.变化环境下人类对旱涝等水灾害的适应与调控技术	2.流域突发性洪水综合防治技术创新	旱涝灾害早期预警及应急管理决策支持系统	
	3.水灾害监测、评估、预警及应急综合技术体系	2.涉水环境地质灾害预测预报及综合防治技术创新	涉水环境地质灾害工程防治技术及设备	
水管理	1.水需求管理的制度、政策和经济措施创新模式及其影响评估	1.气候变化背景下各行业水资源需求发展态势	高性能水文监测仪器及模拟平台	
	2.水循环要素及关键过程综合观测与监测平台	1.由供水管理向需水管理模式转换中的政策与措施	流域/盆地综合管理模式与措施	
	3.水资源系统分析、模拟、管理与调控信息系统	2.水文系统高性能现场监测仪器及卫星传感器技术的突破	精细化人性化水管理政策措施体系	

2010年　2020年　2030年　2040年　2050年

通过实施"中国至2050年水资源领域科技发展综合路线图"，应该基本实现如下目标：

——供水总量：至2020年前后，为6000亿m³/a；至2030年前后，为6500亿m³/a；至2050年前后，为5500亿m³/a；

——节水方面：至2020年前后，工业用水重复利用率达到50%，农业灌溉水利用率达到65%；至2030年前后，工业重复利用率达到65%，农业灌溉水利用率达到75%；至2050年前后，工业用水重复利用率达到85%，农业灌溉水利用率达到85%；

　　——城市污水处理率方面：至2020年前后达到80%；至2030年前后达到90%；至2050年前后接近100%。

第五章

中国至2050年水资源领域科技发展预见

　　当前以及未来水资源领域科技研究必须应对前述前所未有的复杂多样的综合性水问题。为了引领和促进中国至2050年不同时间阶段水资源领域科技的原始创新、集成创新及相关技术的推广和应用，全面实行水资源综合管理，保障中国经济社会可持续发展，从宏观层面出发，立足现实，着眼未来，高瞻远瞩地提出水资源领域科技发展的路线图：下面按照水资源、水环境、水生态、水灾害和水管理5个水问题进行论述；对于每个水问题，则按照国家需求、发展目标、科技问题与关键技术等几个层面加以展开。

第一节　水资源问题

一、国家需求

　　水资源问题科技发展的国家需求是以水资源的可持续利用支撑经济社会的可持续发展。水是地球上生命赖以产生和存在的最重要的物质，是自然环境中最为活跃的组成要素，但也是基本的致灾因子之一。可持续发展已经成为21世纪人类社会的主题，而水资源可持续利用则是实现经济社会可持续发展的重要物质基础。水可持续利用的目的是维持人类的生存环境、促进人类社会的可持续发展，其实质是水资源在自然-经济-社会复合系统中的持续性(张凯,2007),其前提是统筹考虑水的资源特性、环境特性和灾害特性,以"良性水循环"作为水资源开发利用实践的总体目标,通过综合的水资源管理实现自然水循环和社会水循环两个相互耦合系统中的良性循环。

水可持续利用大体包含三层逐级递进的含义:一是水资源自身的可持续利用,主要强调水资源开发利用应在其承载能力容许的范围内;二是与洪涝和干旱灾害、水环境污染、水生态退化等问题之间的关系,强调水资源的数量与质量性状在时空变异方面的长期一致性;三是水资源与粮食安全、生态安全、国家安全、消费模式等之间的关系,强调水资源对一个国家及其消费者而言可承受、用得起,能够真正对经济社会可持续发展起到支撑和保障作用(郭日生等,2007)。

为促进和实现中国的水可持续利用,需要重视和加强的政策措施包括:节约优先,强化统筹管理,建设节水型社会;结构调整、技术进步与制度安排;保障供水安全,促进水资源可持续利用;进一步提高水资源利用效率(如"十一五"单位工业增加值水耗降低30%);进一步开展农业节水(如"十一五"灌溉系数提高到0.5),降低农业用水比重;提倡适度消费的用水模式;解决结构性水短缺,加强重点流域、地区的水利基础设施投资建设等。

二、发展目标

从中国水资源的基础条件、经济社会发展对水资源的依赖性特征以及未来时期的发展趋势等角度出发,基于节流与开源的统一观,将"节水"、"增水"和"调控"作为至2050年水资源问题科技发展的主要目标,其指标集如下:

(一)分阶段节水目标

在农业节水方面,基本原则是通过科技创新大力提高农业灌溉水利用率,并逐渐降低农业用水所占比重,近期(至2020年前后)直接目标是在不影响粮食安全的前提下力争实现农业用水总量的零增长,中期目标是逐渐降低农业用水总量及其比重,富余的部分重点转移至生态环境用水,其次是生活用水等。全国农业节水技术的总体发展速度将主要以农业灌溉水利用率作为基本的评价指标,分阶段目标是力争将全国平均值由目前的不足50%逐渐提高到65%(2020年前后)、75%(2030年前后)和85%(2050年前后)。

在工业节水方面,基本原则是通过技术创新大力降低万元产值耗水量和提高工业用水重复利用率,全国工业节水技术的总体发展速度也主要是以这两个指标作为评价标准。其中,万元产值耗水量分阶段目标是由目前的130m³左右逐渐降低至100m³(2020年前后)、70m³(2030年前后)和30m³(2050年前后);工业用水重复利用率分阶段目标是由目前的不足40%逐渐提高到50%(2020年前后)、65%(2030年前后)和85%(2050年前后)。

在生活节水方面,基本原则是提高节水器具普及率、减少供水设施跑冒滴漏所造成的浪费损失率和提高城市污废水回用率,通过这三个指数评价中国未来时期生活节水技术的创新和发展水平。其中,城市节水器具普及率力争在近期(2020年前后)达到或者接近100%;跑冒滴漏浪费损失率分阶段目标是由目前的20%左右逐渐降低到10%(2020年前后)、5%(2030年前后)和接近0(2050年前后);城市污废水回用率分阶段目标是由目前的多数城市不足30%逐渐提高到45%(2020年前后)、60%(2030年前后)和75%(2050年前后)。

(二)分阶段增水目标

在供水总量方面,基本原则是通过科技创新和强化水管理体制,满足中国不同经济社会发展阶段的用水需求,分阶段目标是由目前的不足6000亿m³/a(2006年为5795亿m³,2007年为5819亿m³)提高到6000亿m³/a(2020年前后)和6500亿m³/a(2030年前后),远景可望逐渐降低并维持在5500亿m³/a以下(2030年左右已达到人口峰值,工业化也处于末期阶段,在节水型社会建设方面将取得重大进展)。

在人工增雨方面,自1958年中国首次实施人工增雨工程以来,人工增雨能力得到了逐步的提高,近年来,中国人工增雨量已经达到250亿～300亿m³/a;2008年冬季至2009年初春,中国北方遭遇罕见的旱灾,人工增雨技术在遏制和弥补一些地区旱灾损失方面发挥了至关重要的作用。未来时期,力争加大科技创新力度,逐渐将人工增雨的调控能力提高到600亿m³/a(2020年前后)、1000亿m³/a(2030年前后)和1500亿m³/a(2050年前后)。

在海水淡化方面,海水淡化是最主要的非常规水资源类型,目前中国的蒸馏法和反渗透法海水淡化技术已经比较成熟,成本也已经降至5元/t左右,但全国现有的海水淡化能力并不高,截至2006年,中国海水淡化日产量仅为15万m³,仅占世界海水淡化日产总量的4%。未来时期,应该继续大力深化科技创新,尤其是海水淡化技术与海洋化工联产技术的研发,目的是在增加水资源的同时,提高海洋化工产业效益,并降低海洋化工所造成的水体污染。应该提高淡化海水在中国东部沿海严重缺水地区水资源供应中的比例,力争逐渐将中国的海水淡化能力提高到200万m³/d(2020年前后)、500万m³/d(2030年前后)和1000万m³/d(2050年前后),海水直接利用能力分别达到1000亿m³/a(2020年前后)、2500亿m³/a(2030年前后)和5000亿m³/a(2050年前后)。

(三)分阶段调控目标

当前及未来时期全国各地的水资源量及其供需矛盾将差异很大,可以大体分为余水区、基本平衡区、缺水区和严重缺水区四种类型。余水区和基本平衡区多在长江流域以南,但由于水资源年内分配不均匀和水利设施不够,这两区内的不少丘陵盆地和沿海城市也有不同程度的缺水。缺水区和严重缺水区多在淮河流域以北,特别是黄淮海平原、黄土高原、山西能源基地、辽河中下游、辽东半岛和山东半岛。除此之外,华北地区因地下水超采而导致的地下水位下降、地下水降位漏斗及地面沉降,以及东部沿海区域因入海河流径流减少及地下水位下降等原因所导致的海咸水入侵也是未来时期需要迫切重视的水问题。国内外已经有大量的远距离调水案例；在地下水回灌方面，荷兰自20世纪50年代起在沿海人口稠密的城市地区开展了大规模的地下水补给工程，到1990年地下水人工补给量就已达到了1.8亿m^3/a；自20世纪80年代以来，美国便开展了钻孔补给含水层的恢复工程（"含水层储存恢复(ASR)工程计划"），到1993年9月，美国已运行的ASR系统有18个。因此，在制定未来时期中国不同时间阶段节水与增水目标的同时，有必要科学评价并确立跨区域远距离调水、地下水回灌以及淡水压咸等目标。

跨区域远距离调水方面，远距离输水需要多方面的综合论证和科技创新，是一项非常复杂的系统工程。未来时期，为缓解中国水资源分配不均的局面，国家战略主要是在充分的方案比较论证的基础上，推进南水北调工程，在2014年前完成南水北调的东线和中线，分别向华北地区调水150亿m^3/a和130亿m^3/a；在长期考虑实施南水北调西线工程的可行性，向黄河上游调水100亿～150亿m^3/a。另外，跨区域远距离调水也是沿海区域淡水压咸的手段之一，应该遵循因地制宜的原则，在综合规划的基础上有序开展。需要特别强调的是，开展跨区域远距离调水的论证，应格外关注工程对区域（包括供水区、用水区及沿途）水循环及环境与生态的影响评价研究。

在地下水调蓄方面，针对不少区域地下水位下降、地面沉降问题突出并遭受严重污染的事实，需要同时进行污染地下水的环境修复，因此迫切要求中国大力发展地下水回灌、限采与污染修复方面的科技创新。具体而言，主要是研究基于地表水-地下水相互转化机理的联合调蓄技术，发展城市雨洪控制以及城市污水与工业废水深度处理和综合利用技术，针对水文地质条件科学地限采、回灌地下水；如果用于回补沿海地区的地下水位，则同时起到缓解或防治海咸水入侵危害的作用。总体而言，应该利用包括南水北调在内的多种可利用水源，逐步对华北地区以及沿海重点城市区域的地下水进行回灌和限采,近期(至2020年前后)制定合理的地下水压采方案,力争严格控制地下水的进一步超采,并尝试进行地下水回灌与限采,达到基本扭转地下水位连续下降趋势(地下水降位漏斗区的个数和面积不再增长)的目标;中期(至2030年前后)大力推广地下水回灌与限采,达到中国地下水漏斗区域的个数和面积基本减半的目的;长期(至2050年前后)而言,则达到基本能实现地下水漏斗区域的采补平衡。

三、主要科技问题与关键技术

从水循环过程中"蓝水"与"绿水"①之间关系的角度分析,水可持续利用的关键在于对"绿水"的充分重视。长期以来,我们对"绿水"的认识严重不足,普遍缺乏"广义水资源"的理念。而这种忽视不仅仅是环境科学研究方面的"误区",也很可能是通向可持续性道路中的弯路甚至歧途(国际科学院组织,2005)。有鉴于此,继续深化和加强对变化环境下水资源演化规律与调控机理、水资源可再生性维持机理等基础理论问题及相关技术问题的探索和研究,这应该是我们长期坚持的重要任务。

具体而言,未来时期需要重视的主要科技问题包括:气候变化条件下的水文、水循环变化响应规律;人类活动条件下地下水资源的科学调控;水资源利用的动态监测、综合评价与实时调控技术;提高水资源生产率与水资源循环利用技术;行业节水技术与模式;城市雨水利用与洪水资源化技术;农业高效用水与节水技术;各类节水器具研发,包括适用的测量器具和低成本的节水器具,开展虚拟水的研究等。

关键技术选择对应不同时间阶段的关键目标和主要技术途径。

至2020年前后,关键目标是通过节水、调水、增水和调控技术,使单位GDP水耗大幅度降低。主要途径包括:提高农业灌溉水利用率,通过调整产业结构,使农业用水量占用水总量的比

---

① 有关"蓝水"和"绿水"的解释请见第六章。

例控制在45%以下；提高工业用水重复利用率，力争达到并超过50%；推广节水器具；增加水供应能力；合理调水和地下水回补。关键技术包括：高耗水行业最佳节水技术及其标准；行业清洁生产模式；开发水重复利用和中水回用技术并制定相关标准；农业结构调整与节水灌溉技术推广；大规模水资源开发利用及跨区域调水等重大工程对区域水生态影响的评价技术及对策；水资源综合规划及配套政策等。

至2030年前后，关键目标是：使工业节水达到世界先进水平，实现用水总量零增长。关键技术包括：行业节水技术集成；水动态监测与管理信息化技术；新型节水器具开发；旱作农业技术模式；节水管理及灌溉制度；华北地区及沿海重点城市地下水回灌与调控；海水淡化技术；虚拟水与贸易研究等。

第二节 水环境问题

一、国家需求

水环境问题科技发展的国家需求是促进水环境健康。水环境健康主要是指水资源的质量特征，可理解为水资源所具有的稳定性和可持续性。健康的水环境不仅能够维持其组分正常，并可通过自我的调节和净化机制而具有对自然及人为胁迫的承受能力、抵抗能力和恢复能力。

水环境健康可以通过水体系统的活力、组分与恢复力三个特征量来表征：活力表示水环境的功能，包括水体的运动特征、水环境容量、水生生态系统状态等；组分是指水体中各种组成成分（包括溶解气体、溶解物质、悬浮颗粒物、重金属、有毒化学物质、微生物等）的浓度特征、存在形式，以及不同成分之间的相互作用关系等，与狭义的"水环境"相当；恢复力主要指水体的自净能力，与组分和活力的维持程度及维持时间密切相关，同时，也与人类对水体的功能定位有关（马毅妹等，2004）。

水环境健康是水可持续利用和水生态安全的前提与基础。保持高的活力、有益的组分和强大的恢复力是实现水环境健康的基本内容。从水循环过程是自然水循环与社会水循环的相互耦合系统以及人为因素构成各种水资源问题根源的客观事实出发，在探索实现水环境健康的科学与技术途径时，应该充分重视研究社会经济发展对水循环过程中各种水环境因素影响的基础理论、应用科学和工程技术的探索，以促进水环境基本活力和良性组分的保持；同时，应该继续加强对自然水循环为主过程中水环境对各种胁迫承受、抵抗和恢复能力的研究，以促进水环境恢复力的保持和充分发挥。

为促进水环境健康，需要重视和加强的政策措施包括：主要污染物减排（如国家要求2010年COD排放比2005年减少10%）；加强工业污染源控制；提高城市污水处理率（如2010年达70%以上）；重点流域（大江大河）水环境质量改善；保证饮用水安全；治理湖泊富营养化；监控面源污染；重点城市与区域地下水环境质量改善等。

二、发展目标

从中国水环境的现状特征及其未来的发展变化趋势出发，将饮用水安全，湖泊富营养化治理，大江大河环境治理和重点地区及都市区环境治理作为至2050年中国水环境问题科技发展的主要目标。

当前和今后中国水环境治理和保护的目标是在目前重点流域和区域水污染防治治理的基础上，逐渐扩展到全国更广泛区域、流域水环境的保护和水污染的治理。一个基本的原则是力争通过科技创新等措施，全面促进水污染防治技术的进步和水污染综合治理能力的提高。重点将城市污水处理率、用水普及率等作为具体的目标和评价标准。

在城市污水处理率方面，力争到2020年前后城市污水处理率不低于80%，至2030年前后城市污水处理率不低于90%，至2050年前后城市污水处理率接近100%。

在饮用水安全方面,基本原则是通过科技创新等手段,着力保障和提高城乡饮用水的水质和水量安全,维护人民群众身体健康,为城乡经济社会可持续发展提供有力支撑。饮用水安全包括三个方面内容:水质合格(符合新修订的生活饮用水国家标准),水量有保障,具备安全管理应急处理突发污染事件的能力。

据住房和城乡建设部数据,2006年,中国城市用水普及率为97.04%(以户籍人口计算)、86.67%(以户籍人口加暂住人口计算),县城用水普及率为82.94%(以户籍人口计算)、76.43%(以户籍人口加暂住人口计算),村镇用水普及率为50%。力争至2020年前后,城市、县城和村镇的用水普及率分别达到90%、80%和65%(其中,城市、县城以户籍人口加暂住人口计算);全面改善设市城市和县级城镇的饮用水安全状况,建立起比较完善的饮用水安全保障体系。至2030年前后,进一步提高城市、县城和村镇的用水普及率,使其分别达到95%、90%和75%(其中,城市、县城以户籍人口加暂住人口计算);至2050年前后,保证城市、县城和村镇的用水普及率分别达到100%、95%和85%(其中,城市、县城以户籍人口加暂住人口计算)。

湖泊富营养化治理,大江大河环境治理和重点地区及都市区环境治理均属于长期性的难题。在20世纪70年代之前,西方发达国家的大多数湖泊富营养化也非常严重(类似于中国目前的状况),从70年代开始,他们首先对受污染的湖泊进行高强度的治污,投入大量的物力、财力、人力对湖泊流域的污水进行截流并统一进行处理,达标后排放入湖。在污染源截断后,主要借助这些深水湖泊的自我调节机制促使生态系统的逐步自然修复。经过20~30年的高强度治污,之前大多数处于富营养化状态的湖泊已逐步好转或恢复到正常状态。根据这一发展规律,中国应力争至2020年前后,重点解决流域污水的收集、处理和达标排放问题;至2030年前后基本控制中国湖泊的富营养化和大江大河环境治理问题,并以此为契机促进水生态朝着良性的方向发展和演变;至2050年前后基本实现湖泊和江河的环境健康以及生态的明显好转,基本解决中国重点地区(长江三角洲、珠江三角洲、环渤海地区等)与城市区的地下水环境治理问题,基本实现人与水的和谐。

三、主要科技问题与关键技术

为促进水环境健康目标的实现,未来时期需要重视的主要科技问题包括:水源地保护、饮用水与人体健康、水污染防治及污废水处理、面源污染问题、水体(水环境)修复、数字水环境模型、地下水环境(模型研发与修复技术)等。

至2020年前后,关键技术及发展目标包括:进一步发展水功能区与水源地保护区的划分技术体系;促进水污染防治技术进步和水污染治理能力提高,使城市污水处理率大幅度提高,开展氮磷等指标的总量控制,基本解决农村安全饮水,控制面源污染发展,使典型流域或河段水质改善,研发非常规污染物防治技术等。关键技术包括:复合型污染机理与转化规律;污染物在地下的迁移规律;流域生态系统恢复原理;清洁生产相关的技术、材料、产品、设备和工程;各类水污染处理技术;区域污染物综合防治;饮用水安全技术;保障环境健康的监控及相关标准等。

至2030年前后,关键技术及发展目标包括:流域污染物全面控制,争取水环境质量得到整体改善,环境健康问题得到初步解决。关键技术包括:最大日负荷总量(total maximum daily loads,TMDL)监控与技术体系;跨界污染治理防治体系;面源污染技术应用;复合污染物防治技术;持久性有毒污染物(persistent toxic substances,PTS)防治技术;地下水污染治理技术;环境健康影响阻断与防治技术;水体生态修复技术等。

第三节 水生态问题

一、国家需求

水生态问题科技发展的国家需求是水生态安全。

可以从两个层面理解水生态安全：其一，仅指水生生态系统的健康、稳定与可持续性；其二，是指水资源在维系生态安全中所起到的关键性乃至不可替代性的作用。目前，不同学者对生态安全的理解不尽相同。从生态学的观点出发，安全的生态系统能够在一定的时间尺度内维持其自身的组织结构，以及对胁迫的恢复能力，即生态系统自身在生态学意义上应该是完整的、健康的、稳定的和可持续的。从生态系统与人类社会间的关系角度出发，安全的生态系统还应该能够持续性地为人类提供充足的饮用水与食物、清洁舒适的空气质量与生活环境等基本要素，即生态系统所提供的服务能够满足人类的生存和发展需要（王耕等，2007；邹长新等，2003）。

生态安全的本质在于围绕人类社会可持续发展的目的，促进经济、社会和生态三者之间的和谐统一，实现自然资源在人口、经济社会和生态环境等约束条件下稳定、协调、有序和永续地利用。目前，在中国，多方面因素构成了对生态安全的严重威胁，包括：水土流失严重、土地荒漠化加剧、土壤盐渍化和质量降低、耕地资源减少、湿地萎缩（河流断流、湖泊萎缩、地下水位下降）、生物多样性减少、水环境恶化、点源与面源污染、水体富营养化、海洋污染及海咸水入侵等。这些威胁性的因素都与水资源或者水文水循环过程变化息息相关。

按人与自然和谐的科学发展观，转变发展方式，发展生态经济，建设资源节约型、环境友好型社会，推行清洁生产和循环经济，推进生态保育和生态恢复，是提高生态安全水平的主要途径。与此相应，为了实现不同层面和不同含义的水生态安全，应该大力推进节水型社会建设步伐，加强水土流失治理和生态保育，维持生物多样性与生态服务功能，从实践层面重视生态需水，促进合理利用水资源和良性水循环，既能满足人类生产和生活需求，又能满足自然环境和生态系统保护的需求。在未来时期水资源领域科技的发展方面，应将水生态安全作为国家重大战略需求之一。在节水、治污等方面科技发展的基础上，大力推进水文水循环与生态环境变化耦合机理方面的基础研究,以及水土保持、生态需水、水生态监测和水生态保育等方面应用技术的不断创新和发展。

为促进水生态安全,需要重视和加强相应的体制、政策与措施研究,为发展生态水利与可持续水利提供保证。重点研究减少水土流失面积及损失,保证必要的环境流量和生态需水,巩固退耕还林还草、退田还湖、保护天然湿地的成果,加强地下水管理等。

二、发展目标

从中国水生态系统的现状特征与发展趋势、水资源(数量与质量)对不同类型生态系统演化的影响特征等出发,将水生态保育作为至2050年中国水生态问题科技发展的主要目标,具体而言,主要包括水土保持、湖泊与湿地恢复、维系河流健康、生态需水保障、生物多样性保护等方面的具体目标。

水土保持方面。中国仍有水力侵蚀面积161.2万km²,水土保持是未来中国生态保育的重点任务,国家对这方面的科技创新与发展提出了很高的要求。近期每年治理水土流失面积4万km²以上,力争在2020年前使重点地区(水土流失严重或者危害突出的区域)的水土流失得到初步的治理,坚决控制住人为造成新的水土流失;中期(至2030年前后)继续保持较高的治理速度,使全国水土流失治理程度达60%以上,重点治理区的生态环境有明显改善;长期(至2050年前后)目标是全国恢复和建立适应经济社会可持续发展的良性生态系统,全国需要治理的水土流失地区基本治理完毕,大部分地区实现山川秀美。

湖泊与湿地恢复方面。通过加强基础研究、应用技术研发和生态修复技术的创新,以及建设和完善自然保护区,实行生态补偿,对重点湖泊和湿地分布区进行抢救性保护,主要包括江汉湖群、青藏高原湖区、东北沼泽湿地、沿海湿地等,保护的基本原则是有效遏制其继续萎缩和退化的趋势。近期(至2020年前后)目标主要是减缓湖泊与湿地退化发展的趋势;中期(至2030年前后)达到有效遏制三江源、东北沼泽湿地、沿海湿地等关乎国家安全的湖泊和湿地的萎缩与退化趋势；长期(至2050年前后)实现对大多数湖泊湿地萎缩退化趋势的有效遏制，并在局部区域促进其恢复性发展。

维系河流健康方面。基本原则是在水污染防治的基础上，有效遏制和扭转主要河流水资源开发利用率过高的问题，实现大江大河及其重要支流在枯水期不断流和保证河流必须的环境流目标。其对科技创新的要求，既包括良性水文循环、水资源可再生性机理等基础研究领域的发展，又包括分布式水文模型、数字流域模型、地下水数值模型、水污染防治以及生态需水等应用研究领域的发展，是综合性非常强，难度也非常大的任务。近期(至2020年前后)目标是结合需水管理与提高用水利用效率，有效减缓主要河流水资源开发利用率不断攀高的发展趋势，部分河流水资源开发利用率实现零增长；同时，针对生态意义比较突出的河流(包括中小河流)，通过水资源调控等措施恢复其水流，保证多数河流平水年不断流。中期(至2030年前后)达到主要河流及其重要支流水资源开发利用率实现零增长的目标，使水资源开发利用率过高的河流的用水量逐步得到有效的削减，保证生态意义比较突出的河流(包括中小河流)中的多数即便在枯水期也不断流。长期(至2050年前后)目标是大多数河流的水资源开发利用率得到有效削减，基本达到不超过开发利用警戒线的要求，河流水量充足，水生生态系统朝着良性方向演化，水生生态系统的生物多样性水平逐渐提高。

生态需水保障方面。目前而言，全国生态与环境年需水总量约在800亿～1000亿m³，但是保障程度仅在50%左右(按照平水年进行估算，以下相同)，而且如遇干旱年份，则保障度将更低。在科技创新发展方面，需要将水量和水质进行统筹考虑，建立和发展精确计算区域/流域生态保育和维系生态功能所需生态需水量的方法与技术，在此基础上，研发生态需水保障所需的节水、增水和水调配技术。未来时期，应该逐步提高中国生态需水保障程度，近期(2020年前后)使其达到60%以上，中期(2030年前后)达到75%左右,长期(2050年前后)基本达到生态健康要求。

三、主要科技问题与关键技术

为促进水生态安全,未来时期需要重视的主要科技问题包括河流健康、水土保持、次生盐渍化、生物多样性等。围绕这些关键的科技问题,开展环境流量研究,大型水利工程对水文水资源及生态环境的影响研究,水土保持、生态保育与扶贫开发综合技术体系研究,生态需水定量评估及调配技术研究,生态补偿机制研究,次生盐渍化综合防治技术体系研究等。

关键技术的选择方面,至2020年前后是重点开展理论和相关技术研发,结合自然保护区建设,在重点地区和流域开展示范;至2030年前后则是全面开展生态修复工作。具体包括:基于环境流量计算的流域综合管理规划;水利工程的生态环境影响评价方法及水利生态调度技术;水生态保护与社会经济协调发展的综合技术研发与配套政策示范;生物多样性保护及生物入侵防治;水生态安全相关管理技术等。

第四节　水灾害问题

一、国家需求

水灾害问题科技发展的国家需求是促进防灾减灾。

旱涝灾害是中国主要的自然灾害类型,而且,随着全球气候变暖趋势的加剧和中国经济社会的持续快速发展,旱涝灾害突发、多发、频发的趋势在明显增强,极端情景下大灾、特大灾发生的几率及其时空分布的不确定性也在逐渐提高。旱涝灾害是生态安全的重要威胁,在生态系统的脆弱区和敏感区尤为突出;旱涝灾害是中国粮食安全的主要威胁因素,也是影响工业生产、城乡供水等的重要因素,在东部沿海等人口密集或者经济活动强度较高的区域,旱涝灾害所导致的经济社会损失也日趋严重。因此,重大气候灾害的特征、成因及预测已经逐渐成为中国大气科学、水文科学等交叉研究的前沿领域，深入探索新的经济社会条件下中国旱涝灾害的成因、演变规律及其预报预警技术，建设现代防洪抗旱减灾保障体系，是支撑中国全面建成小康社会，促进经济社会持续发展的现实需求。

除了传统的旱涝灾害，地下水资源开发引起的地下水质量与数量变化以及由此导致的地面沉降、地裂缝、岩溶塌陷等环境地质问题也是水灾害问题的重要体现。相关的环境地质效应与地下水动力场和水化学场的演化密切相关，需要研究地下水开发利用诱发的地面变形机理，以及大强度地下水开采条件下两相界面流(咸水与淡水、海水与地下水)的演化特征及趋势等。

防灾减灾的重点和难点集中在预报能力方面，因此，防灾减灾科技发展的重中之重是全面提高不同时空尺度和不同程度旱涝灾害与环境地质灾害的灾前预警预报水平。具体而言，应该大力促进先进的预报方法和预报模型的研发，建立高新技术支持的防汛抗旱、地下水调蓄的决策指挥调度系统，通过科技创新有力地促进中国洪水管理能力和旱灾抵御能力的迅速提高，适应新时期经济社会发展对防灾减灾工作的现实需求。

二、发展目标

主要从中国旱灾、洪涝、环境地质灾害的发生特征、致灾规律及其发展趋势出发，将旱灾防治、洪涝防治、环境水文地质灾害防治和应对气候变化作为至2050年中国水灾害问题科技发展的主要目标。

根据2006年9月22日结束的第十次世界气象组织教育和培训研讨会有关资料，受全球变暖的影响，中国因气象灾害造成的经济损失占所有自然灾害的70%，其中旱灾造成的损失最大，达50%。另据统计分析，"十五"期间，全国年均洪涝灾害损失约1000亿元，约占同期全国GDP的0.71%，发生流域性大洪水的年份，洪涝灾害损失占同期全国GDP的比例超过1%。水灾害防治方面的基本目标是：基于人水和谐的理念，通过科技创性等手段，全面提高防灾减灾能力，特别是灾前的预警预报能力。具体而言,力争至2020年前后将水灾害损失降至届时全国GDP的0.6%,至2030年前后降至当时全国GDP的0.5%,至2050年前后降至当时全国GDP的0.4%,甚至更低。

环境水文地质灾害在水资源领域主要包括泥石流和地下水位下降造成的地面沉降以及不合理灌溉引起的土壤次生盐渍化等。地下水长期超量开采造成的地面沉降是中国平原和沿海地区的主要地质灾害,已经成为制约中国社会、经济可持续发展的重要灾种之一。根据有关研究资料,1921~2000年这80年期间,上海由于地面沉降灾害所加重的潮灾和涝灾经济损失就分别为1754.9亿元和847.77亿元;1959~1993年天津地面沉降总损失为1896亿元,其中直接损失为172亿元(李铁龙等,2007)。因此,应力争通过科技创新,全面提高中国对涉水环境地质灾害的抵御能力,在未来时期,应该着力完成环境地质灾害的详细调查,全面、准确地掌握中国涉水环境地质灾害的分布状况与危害程度,并在重点防治区建立起比较完善的群测群防体系;同时,初步建立起基础调查、群专监测、预报预警、应急处置、适时治理的涉水环境地质灾害防治体系。以受环境地质灾害威胁的人数作为基本的评价指标,力争至2020年前后,使全国已查明的受环境地质灾害威胁的人数减少30%,在此基础上,至2030年前后进一步减少40%,到2050年前后进一步减少60%。

未来时期,全球气候变化与人类活动的影响日益严峻,对水灾害问题造成巨大的不确定性。未来几十年需要密切关注和研究全球气候变化与人类活动对水资源开发利用的影响,以及重大水利工程建设对生态和局地气候变化的可能影响,加强监测分析,并筹划对策。

三、主要科技问题与关键技术

为促进防灾减灾,围绕旱灾防治、洪涝防治、应对气候变化、环境水文地质灾害防治等发展目标,未来时期需要重视的主要科技问题包括水利工程、预警系统和适应对策(适应气候变化的体系)等。

关键技术包括：旱涝灾害形成和发展的机理与规律研究；旱涝灾害监测、评估及早期预警技术；降水资源时空调配的理论与技术；流域突发性洪水防治措施与技术体系；大型水利工程与旱涝灾害之间的关系研究；基于大型水利工程的旱涝灾害调控措施和技术；城市洪涝灾害防治措施与技术体系；极端天气气候事件引发的旱涝灾害研究；气候变化因素对旱涝灾害的影响特征；高强度地下水开发与地面沉降等的关系研究；旱涝灾害的监测预警技术与应急管理措施；人类面临气候变化引发的水灾害的适应性问题；涉水环境地质灾害的工程防治技术；地面沉降的监测技术与调控措施；旱涝灾害预防和应急处理的决策支持系统等。

第五节　水管理问题

一、国家需求

水管理问题科技发展的国家需求是人与水关系的和谐发展。

水资源问题以及与其相关的灾害、环境和生态问题是自然和人文因素共同作用的结果，是全人类共同面临的挑战。水资源开发利用不仅要保证供水安全、防洪安全，还需要紧密配合粮食安全、生态安全与经济安全等的迫切需求。从中国乃至整个世界范围来看，目前最重要的方面其实是水管理危机，当前以及未来时期，管理因素在实现更高效地用水、节水等目标中所起到的作用将与技术因素同等重要，在某种程度上甚至更为重要。

中国幅员辽阔，宏观层面的区划与规划管理以及行政部门之间的协调管理将是首要的问题，其基本目的在于打破部门利益冲突和行政区之间的利益冲突，同时实现中央和地方不同部门以及各级行政机构之间的协调管理。大力推进流域综合管理和建立生态补偿机制等是势在必行的重大举措，以流域为基本单元的管理更有利于协调不同区域(河流上、中、下游)之间的关系,也更有利于通过水质与水量的联合评价促进水资源、水环境、水生态、旱涝灾害等问题的综合解决。和谐发展的水管理还需要重视水资源开发利用中城乡之间的关系协调,生产、生活、生态用水之间的关系协调以及农业、工业和生活用水之间的关系协调等。

中国科学院可持续发展战略研究组(2007)提出了新的治水思路,体现了和谐发展的水管理所应具有的基本内涵,认为:水的管理应以流域为单元,考虑地表水和地下水相互转化,上下游、左右岸、干支流之间的开发利用相互影响,水量与水质的相互依存;水的开发利用,包括防洪、治涝、蓄水、供水、用水、节水、排水、污水处理及中水回用等各环节紧密联系,要科学合理配置水资源,必须对各个环节统筹兼顾、综合治理。要坚持推进流域水资源统一管理、统一规划、统一调度,积极探索城乡地表水与地下水、水量与水质统一管理,逐步实现流域的统一管理和区域水务一体化管理。

为促进水管理领域科技发展国家需求的实现,需要重视和加强的政策措施包括:由供水管理转向需水管理,建立适合国情的水管理体制机制(路线图);改善水问题的治理结构,调整政府、市场及社会关系,形成多元化管理;建立相应的综合政策体系,运用法律、经济和行政等手段来调节水需求和部门之间的水分配,缓解水资源短缺的矛盾;提供上述管理体系相适应的技术、信息及决策等的平台支撑。

二、发展目标

在水管理方面,中国目前存在着多方面的问题和不足,不利于各种水问题的有效解决。联合国在其公布的《世界水发展报告2》(2006)中指出,水资源危机的主要原因是管理不善。有鉴于此,针对中国水管理的现状和不足,重点将统筹协调(的水管理)作为至2050年中国水管理问题科技发展的主要目标之一。

力争通过科技创新等措施,全面提高中国对各种水资源问题的统筹协调能力,逐渐加强需水管理,促进需水量零增长的实现。具体而言,力争至2020年前后基本解决水资源管理体制中的统筹协调问题,至2030年前后基本解决水管理体制与技术管理协调问题,至2050年前后基本实现水资源的可持续管理。

三、主要科技问题与关键技术

为促进统筹协调的水管理发展目标的实现,需要重点研究的科技问题包括:观测与监测,水需求管理的制度、政策和经济措施,水管理信息系统,决策支持系统等。

围绕上述科技问题,重点研发如下关键技术:高分辨率、准确的全球(陆地与海洋)降水观测;河道冻结期流量、流速、径流量等的准确测定技术;大气降水–地表水–地下水之间转化的监测与评价技术;不同环境条件(生态系统)蒸散发监测评价技术;水文系统现场监测仪器、高性能卫星传感器研发;3S技术在水资源复杂系统研究中的应用;气候变化条件下未来各行业水需求发展态势的研究;各行业未来水需求预测与管理模型系统的开发与运用;运用经济和政策等手段对水需求进行管理的研究;水资源综合管理与需求管理的制度创新模式及影响的评估方法;流域水资源优化配置模型和技术的开发与运用;国家–地区–市县多级水管理信息系统;流域综合管理的专家决策支持系统;水资源复杂系统的综合监测与观测技术;水资源复杂系统的自组织临界性研究;水资源复杂系统的建模、分析及模拟预测;水资源复杂系统综合调控的理论、方法和技术等。

第六章

中国至2050年水资源领域科技发展专题路线图

为充分提高"中国至2050年水资源领域科技发展综合路线图"的可操作性和灵活性,需要对"水科技系统"的发展进行更为详细的描述。基于前文对水资源、水环境、水生态、水灾害和水管理五个水问题未来时期国家需求、发展目标、主要科技问题与关键技术的分析和阐述,分别在发展目标、科技问题和关键技术三个层次进一步绘制"水科技系统"发展的专题路线图。

第一节 发展目标路线图

在第五章中,分别提出了水资源、水环境、水生态、水灾害和水管理五个方面水问题科技发展的主要目标,合计共13个发展目标。图6-1是这13个发展目标的路线图:近期主要是以节水、调控、饮用水安全、湖泊富营养化治理、大江大河环境治理、重点地区及都市区环境治理、环境水文地质灾害防治等为主;中期主要是以节水、增水、调控、饮用水安全、重点地区及都市区环境治理、水生态保育、应对气候变化等为主;长期则主要是以调控、水生态保育、应对气候变化、统筹协调的水管理等为主。

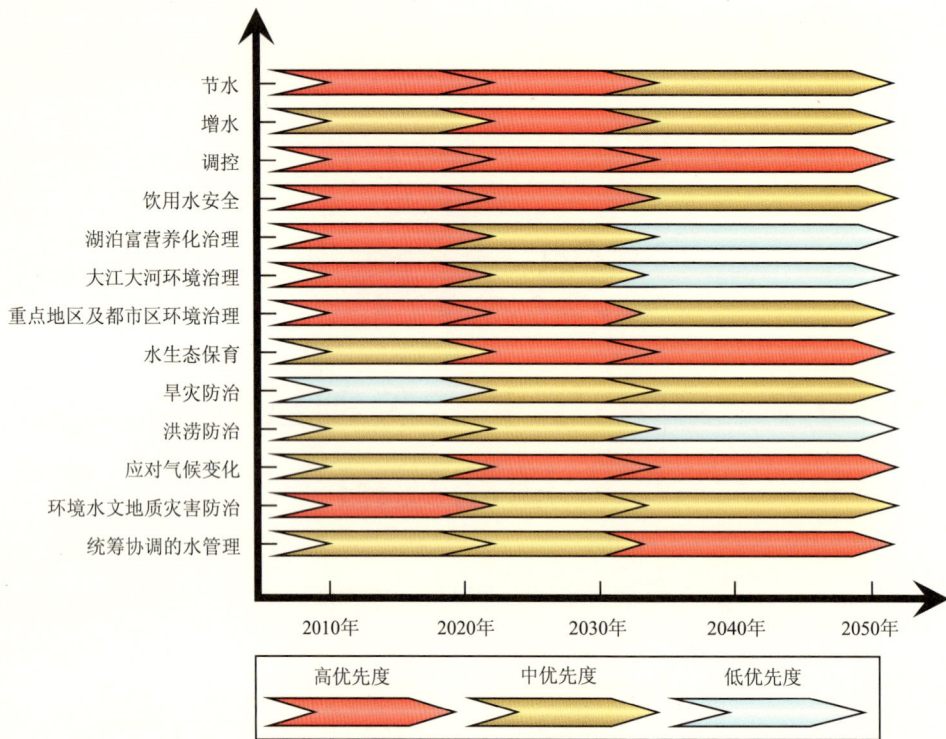

	2010年	2020年	2030年	2040年	2050年
节水					
增水					
调控					
饮用水安全					
湖泊富营养化治理					
大江大河环境治理					
重点地区及都市区环境治理					
水生态保育					
旱灾防治					
洪涝防治					
应对气候变化					
环境水文地质灾害防治					
统筹协调的水管理					

高优先度	中优先度	低优先度

图6-1　发展目标路线图

第二节　科技问题路线图

　　对上述的13个科技发展目标进行分解，确定出28个比较重要的科技问题。图6-2是28个科技问题的路线图：近期主要是以节水技术、节水管理、地下水调蓄、水源地保护、水污染防治及污废水处理、水体（水环境）修复、地下水环境修复、地下水环境模型、水土保持、生物多样性、水利工程、观测与监测、水资源配置与需求管理的制度、政策和措施、水管理信息系统、决策支持系统等为主；中期主要是以节水技术、节水管理、再生水、水源地保护、饮用水与人体健康、地下水环境修复、地下水环境模型、适应对策、观测与监测、水需求管理的制度政策和经济措施、决策支持系统等为主；长期主要是以虚拟水、水源地保护、饮用水与人体健康、面源污染问题、河流健康、预警系统、适应对策等为主。

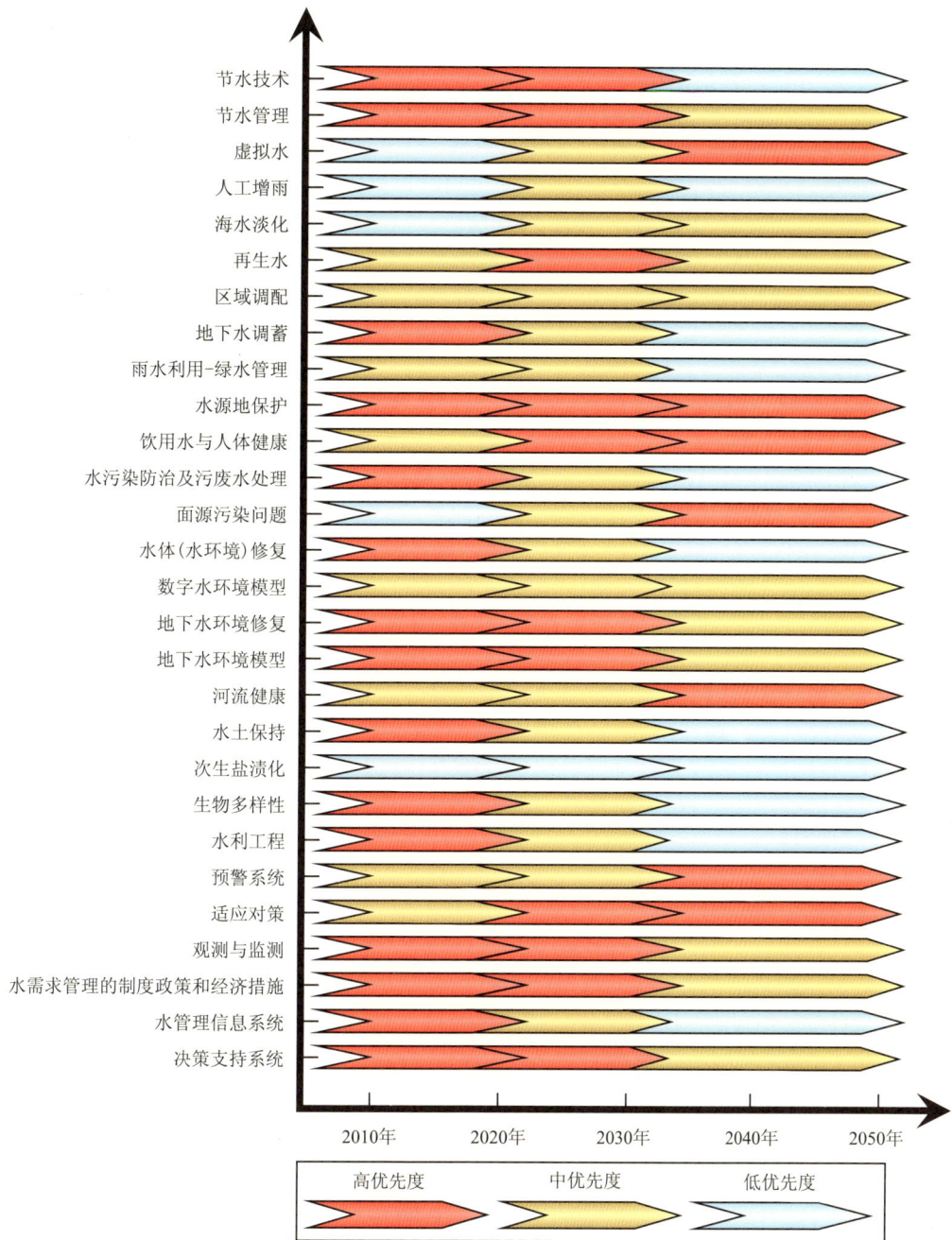

图6-2　科技问题路线图

第三节　关键技术路线图

针对水资源、水环境、水生态、水灾害和水管理五个水问题，分别筛选和确认若干关键技术，形成表6-1所示的中国至2050

年水资源领域关键技术总体框架，在此基础上，形成五个水问题关键技术的发展路线图（图6-3～图6-7）。

表6-1　中国至2050年水资源领域关键技术总体框架

水问题	发展目标	科技问题	关键技术
水资源	节水	节水技术	1. 农业生物节水与非充分灌溉技术
			2. 旱区雨水收集与高效利用技术集成
			3. 高耗水工业行业水重复利用率提高技术
			4. 高耗水工业行业热力工艺系统用水效率提高技术
			5. 工业节水技术集成与整合
			6. 新型生活节水器具研发
		节水管理	7. 农田土壤-植物-大气系统与土壤墒情预报
			8. 节水灌溉制度
			9. 灌区水量与输配水调控
			10. 区域/流域水资源综合监测信息系统
			11. 城市输水管网实时监测与管理信息系统
			12. 工业用水重复利用与用水系统监测管理系统
		虚拟水	13. 虚拟水理论和方法研究
			14. 虚拟水核算方法与技术
			15. 虚拟水战略与区域经济结构关系研究
			16. 基于虚拟水战略的区域政策体系研究
	增水	人工增雨	17. 云物理探测仪器装备和新技术
			18. 云降水、天气和气候系统综合研究
			19. 人工影响/控制天气的新方法新技术
		海水淡化	20. 低温多效蒸馏及反渗透淡化关键技术
			21. 海水淡化大型装置设计、制造及维护技术
			22. 热法和膜法耦合集成技术
			23. 海水淡化与海水化工综合联产技术
		再生水	24. 再生水利用规范和标准体系
			25. 污水再生工艺及设备成套化技术
			26. 再生水水质安全保障/安全监测技术
			27. 再生水价格体系与管理政策
	调控	区域调配	28. 南水北调东线水污染防治与水环境保护
			29. 南水北调中线水量调配和输水安全保障
			30. 南水北调西线与黄河水量联合调配技术
			31. "三纵四横"国家水网与经济格局和生态系统耦合关系战略研究
		地下水调蓄	32. 城市污水地下回灌深度处理技术
			33. 地下水调蓄与受污染地下水环境修复集成技术
			34. 地下水回灌环境生态效应综合评估技术
		雨水利用-绿水管理	35. 雨水资源评价技术
			36. 雨水收集、处理和就地利用技术
			37. 雨水-地下水联合调控技术
			38. 洪水资源化潜力、风险及效益评估技术

表6-1（续）

水问题	发展目标	科技问题	关键技术
水环境	饮用水安全	水源地保护	1. 水功能区划方法与技术
			2. 饮用水水源保护区水资源再生保障技术
			3. 饮用水水源保护区污染负荷控制技术
		饮用水与人体健康	4. 饮用水水质标准体系研究
			5. 饮用水输送加工过程水质综合控制技术
			6. 饮用水中污染物质对人体健康危害机理、特征及其控制技术
			7. 降水过量（洪水）与疾病爆发之间的关系研究
			8. 以水为载体的疾病传播过程研究及其防控技术
	湖泊富营养化治理	水污染防治及污废水处理	9. 不同水体中污染物质的快速检测分析技术
			10. 不同污染物质的环境效应与控制技术研究
			11. 复合污染形成机理、污染特征与控制技术
			12. 跨界污染治理技术体系
			13. 城镇生活污染防治技术体系
			14. 工业点源污染防治技术体系
			15. 地下水污染综合防治技术体系
		面源污染问题	16. 农业面源污染监测技术体系
			17. 面源污染环境影响评价技术
			18. 面源污染控制的生物和生态工程技术
			19. 面源污染控制的最佳管理措施体系
	大江大河环境治理	水体(水环境)修复	20. 水资源数量质量联合评价与控制技术
			21. 典型流域水环境修复综合技术体系
		数字水环境模型	22. 河流水动力、泥沙以及污染物输移、转化和降解过程耦合研究模型
			23. 水文–水环境–水生态系统耦合研究的方法与技术
	重点地区及都市区环境治理	地下水环境修复	24. 地下水资源评价与合理开发调控技术
			25. 地下水污染治理与环境修复的综合技术体系
		地下水环境模型	26. 污染物在地下（包气带、饱水带）的运移与转化模型
			27. 地下水开发–环境变化–经济发展的耦合模型
水生态	水生态保育	河流健康	1. 流域良性水循环维持机理与技术
			2. 大江大河发源地生态保育技术
			3. 流域生态需水的理论、方法和技术
			4. 环境流量/径流调配技术
			5. 水利水电工程生态效应及其调控技术
			6. 河流集水区面源污染监测与防治技术
			7. 典型流域污染物质输移及其环境生态效应
		水土保持	8. 基于3S技术的土壤侵蚀动态监测技术
			9. 典型土壤侵蚀区域生态修复技术体系
			10. 小流域综合治理与生态保育技术体系
			11. 退耕还林还草中适宜树草种的选择与栽植技术
			12. 侵蚀环境下水土资源的保持与利用技术
		次生盐渍化	13. 土壤次生盐渍化发生的地下水位阈值研究
			14. 耐盐耐旱作物选育、栽培与推广技术体系
			15. 灌区次生盐渍化综合防治技术体系
			16. 盐渍化土壤高产高效综合农业技术体系
			17. 地表水和地下水联合利用技术研究
			18. 减轻土壤盐渍化的人为调控措施与技术研究
		生物多样性	19. 湿地生态系统保育技术
			20. 受损生态系统修复技术
			21. 湿地生态系统服务功能/价值评估技术
			22. 水体富营养化综合防治技术
			23. 濒危水生生物及渔业资源综合保护技术
			24. 水库与闸口等水生态工程调度技术
			25. 水生态系统生物入侵研究及防治技术

表6-1（续）

水问题	发展目标	科技问题	关键技术
水灾害	旱灾防治	水利工程	1. 旱涝灾害形成和发展的机理与规律研究
			2. 旱涝灾害监测、评估及早期预警技术
			3. 降水资源时空调配的理论与技术
	洪涝防治		4. 流域突发性洪水防治措施与技术体系
			5. 大型水利工程与旱涝灾害之间的关系研究
			6. 基于大型水利工程的旱涝灾害调控措施和技术
	应对气候变化	预警系统	7. 城市洪涝灾害防治措施与技术体系
			8. 极端天气气候事件引发的旱涝灾害研究
			9. 气候变化因素对旱涝灾害的影响特征
			10. 高强度地下水开发与地面沉降等的关系研究
			11. 旱涝灾害的监测预警技术与应急管理措施
	环境水文地质灾害防治	适应对策	12. 人类面临气候变化引发的水灾害的适应性问题
			13. 涉水环境地质灾害的工程防治技术
			14. 地面沉降的监测技术与调控措施
			15. 旱涝灾害预防和应急处理的决策支持系统
水管理	统筹协调的水管理	观测与监测	1. 高分辨率、准确的全球（陆地与海洋）降水观测
			2. 河道冻结期流量、流速、径流量等的准确测定技术
			3. 大气降水–地表水–地下水之间转化的监测与评价技术
			4. 不同环境条件（生态系统）蒸散发监测评价技术
			5. 水文系统现场监测仪器、高性能卫星传感器研发
			6. 3S技术在水资源复杂系统研究中的应用
		水需求管理的制度、政策和经济措施	7. 气候变化条件下未来各行业水需求发展态势的研究
			8. 各行业未来水需求预测与管理模型系统的开发与运用
			9. 运用经济和政策等手段对水需求进行管理的研究
			10. 水资源综合管理与需求管理的制度创新模式及影响的评估方法
		水管理信息系统	11. 流域水资源优化配置模型和技术的开发与运用
			12. 国家–地区–市县多级水管理信息系统
			13. 流域综合管理的专家决策支持系统
			14. 水资源复杂系统的综合监测与观测技术
		决策支持系统	15. 水资源复杂系统的自组织临界性研究
			16. 水资源复杂系统的建模、分析及模拟预测
			17. 水资源复杂系统综合调控的理论、方法和技术

一、水资源问题

水资源问题的科技发展目标是节水、增水与调控，包括节水技术、节水管理、虚拟水、人工增雨、海水淡化、再生水、区域调配、地下水调蓄、雨水利用–绿水管理9个科技问题的38类关键技术（表6-1、图6-3），具体如下：

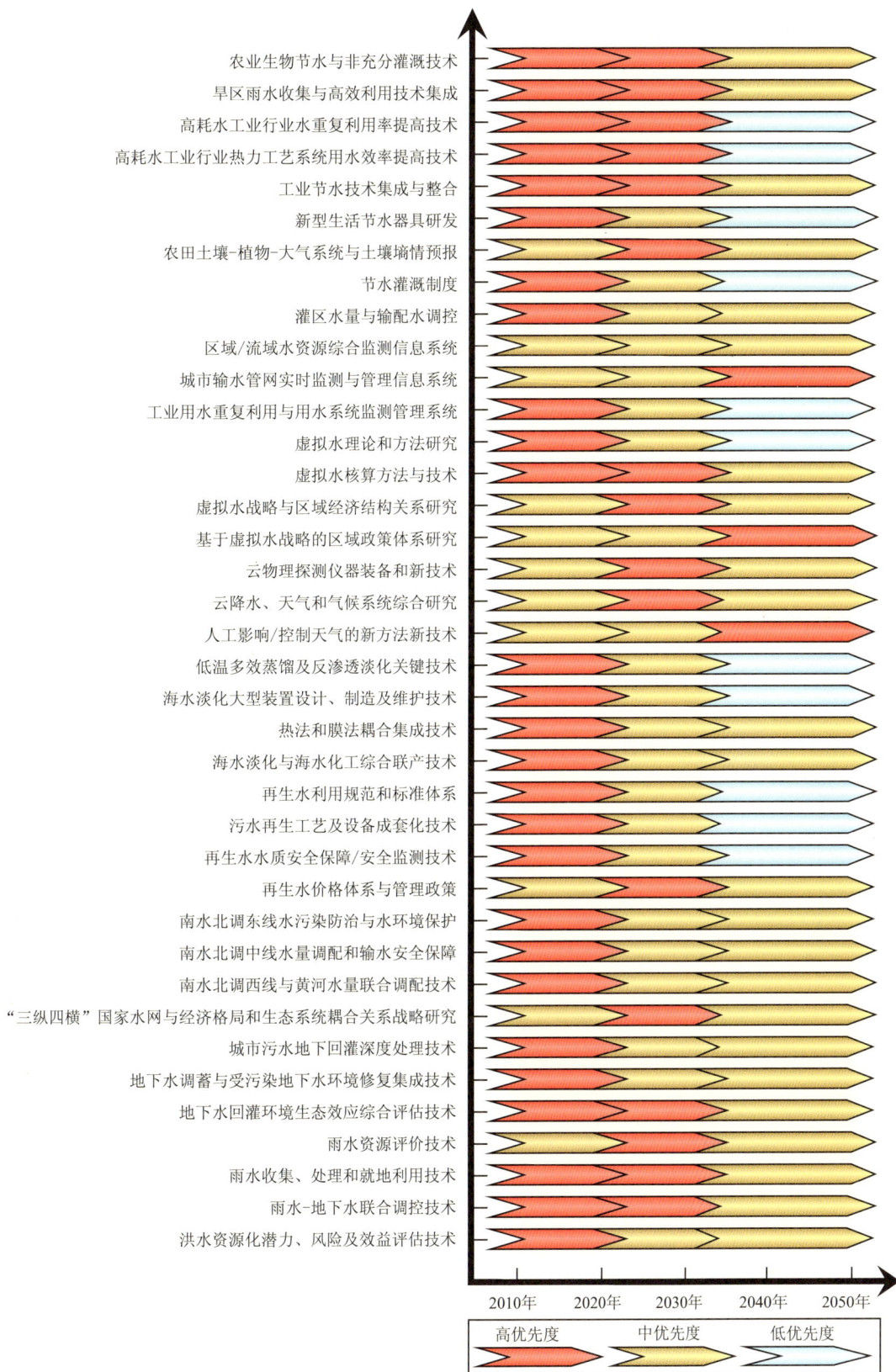

图6-3　水资源问题关键技术路线图

——农业生物节水与非充分灌溉技术。在生物节水技术方面主要是发展抗旱节水型农作物鉴定评价方法与技术,以促进抗旱节水新品种的筛选和培育;在非充分灌溉技术方面,发展基于作物生态需水信号的灌溉控制技术,在不影响作物正常生长和产量的前提下,提高田间灌溉水利用率,降低单位面积耕地灌溉用水量。

——旱区雨水收集与高效利用技术集成。研发新型集雨材料和装置,特别是发展集雨效率高、施工简单、工程造价低、使用寿命长久的雨水收集材料(设备、装置);同时注重与精细地面灌水技术、高精度微灌技术等的整合集成,促进雨水收集之后的高效集约利用,缓解旱区水资源短缺的矛盾。

——高耗水工业行业水重复利用率提高技术+高耗水工业行业热力工艺系统用水效率提高技术。对高耗水工业行业(往往也是高污染行业,如采矿、钢铁、冶金、能源、纺织、造纸、化工、食品等)的生产技术、工艺流程进行改造和提升,降低生产过程对水量、水质的要求,研发串级用水、废水回用等循环用水技术,直接或间接地促进生产过程中水资源的重复利用率,降低水资源消耗量及污废水排放量。

——工业节水技术集成与整合。追踪工业用水过程中水资源供、耗、排等各个环节,从降低水量需求和削弱污染程度的角度出发,集成、整合及改进各个方面的工艺技术,近期重点改造、提升当前处于"短板效应"的技术环节,中长期重点发展新型工业节水技术及节水低污型工业生产工艺及设备。

——新型生活节水器具研发。主要针对城乡生活用水过程中比较普遍而严重的水资源浪费问题,近期重点发展现有生活器具的改进技术,中长期则重点研发高效节水型生活器具。

——农田土壤-植物-大气系统与土壤墒情预报。土壤墒情预报是实施农田土壤水分有效调控,实现农田适时适量灌水的基础和前提,是降低农业用水总量和提高农业用水效率的重要出路,应加强"土壤-植物-大气连续体"(SPAC)水分传输过程特征与机理及水热耦合机制等的综合研究,并发展各种土壤水分模拟和墒情预报模型。

——节水灌溉制度。因地制宜,在技术性能、经济比较和社会效益综合分析的基础上,研发和推广投资适中、技术先进、易于掌握的节水灌溉措施和管理方式,而且注重工程与非工程措施的有机结合,实行计划用水、科学用水,推广应用适合于不同作物的节水灌溉制度;在国家、省(自治区、直辖市)等层面,应同时注重建立健全适应市场、适应农村特点的管理和服务体系,实行规划、设计、设备供应、施工组织、人员培训和运行管理等全过程服务。

——灌区水量与输配水调控。主要是在农田土壤墒情预报、节水灌溉制度等的基础上,发展和推广农田灌区水量与输配水调控技术与措施。

——区域/流域水资源综合监测信息系统。基于GIS、数据库平台等技术,研发不同尺度区域及流域的水资源综合监测信息系统,应该是基于物理基础的流域分布式水文模型,以实现对水文监测数据以及其他各种相关数据信息的融合和分析,满足区域及流域水资源循环过程的定量分析以及可视化显示,同时具备对变化环境(气候变化及人类活动)影响下水资源演化特征的模拟分析功能,对洪水、干旱等也具有相应的预测预报能力。

——城市输水管网实时监测与管理信息系统。基于GIS、数据库、传感器等先进技术,研发城市输水管网实时监测与管理信息系统,将水源地保护、用户管理、水量控制、水费征缴、管线维护、应急施工等业务相互整合和集成,形成系统化、高效的管理平台。例如,通过传感器可监测阀门开关状态、水压、流速、流水时长等信息,利用GIS网络分析功能可进一步实现供水网络压力和流量分析,满足故障分析、水量控制、抢修方案制定等方面的需求。

——工业用水重复利用与用水系统监测管理系统。基于传感器、数据库和信息系统技术,研发和建立工业用水重复利用与监测系统,实现实时、动态、可视化的工业用水监测与管理。

——虚拟水。虚拟水是国外20世纪90年代才提出的新概念,是指生产产品和服务所需要的水资源,不是真正意义的水,而是以虚拟的形式包含在产品中的看不见的水,因此,虚拟水也被称为"嵌入水"、"外生水"。虚拟水战略是指缺水国家或地区通过贸易的方式从富水地区购买水密集型农产品,尤其是粮食,来获得水和粮食的安全。相对于实体水资源而言,虚拟水便于运输的特点使贸易变成了一种缓解水资源短缺的有用工具。虚拟水战略从系统的角度出发,运用系统思考的方法寻找与问题相关的影响因素,从问题发生的范围之外寻找解决区域内部问题的应对策略,提倡出口高效益低耗水产品、进口本地没有足够水资源生产的粮食产品,通过贸易的形式最终解决水资源短缺和粮食安全问题。虚拟水贸易对于那些水资源紧缺地区来说,提供了水资源的一种替代供应途径,并且不会产生恶劣的环境后果,能较好地减轻局部水资源紧缺的压力。中国应该大力加强虚拟水战略的研究力度,研究的重点包括虚拟水的理论和方法、虚拟水核算方法与技术、虚拟水战略与区域经济结构关系、基于虚拟水战略的区域政策体系等。以中国的粮食生产和国内贸易为例,历史上"南粮北运"的格局比较符合中国的自然条件和生态环境特点,但改革开放以来,粮食增长主要在北方,形成了"北粮南运"的格局,产粮区与水资源不相匹配的矛盾逐渐尖锐,加剧了北方水资源不足的问题。因此,研究利用南方丰富的水资源,重振南方粮食生产,提高南方粮食自给能力,减轻北方农业用水压力,这应该是中国区域水土资源配置的重大战略之一[①]。

——人工增雨。主要是加强对云物理探测仪器装备和新技术,云降水、天气和气候系统、人工影响/控制天气的新方法新技术等方面的综合研究与研发,目的是提高对短期天气过程的人

---

① http://baike.baidu.com/

为调控能力。重点是在干旱的区域或时期开展人工增雨、增水，增加水资源量，抵御旱灾；另外，也可有助于水汽资源的时空调配，从而削弱富雨区暴雨洪水灾害的频度与强度。

——海水淡化。主要发展低温多效蒸馏及反渗透淡化关键技术，海水淡化大型装置设计、制造及维护技术，热法和膜法耦合集成技术，海水淡化与海水化工综合联产技术。目的是增强海水淡化能力，降低海水淡化成本，并通过海水化工联产提高海水淡化过程的经济效益和环境效益；应该在现有较好的技术基础上形成高效海水淡化设备的量产能力，并出口海外，使得中国在这一领域占有一定的国际市场。

——再生水。再生水技术与政策措施是提高水循环利用率，促进"需水量零增长"目标实现的重要实现途径，主要是加强再生水利用规范和标准体系、污水再生工艺及设备成套化技术、再生水水质安全保障/安全监测技术、再生水价格体系与管理政策等方面的研发或研究，以期在近中期形成良好的再生水技术与管理体系，包括技术–设备–规范–市场–管理等方面的系列产出，在加强再生水利用的同时，保证合理的成本以及卫生与安全性。

——区域调配。主要包括全国层面的远距离调水以及区域范围的近距离调水等调配形式，重点是前者，特别是"南水北调"东线、中线、西线的远距离调水工程，三个线路各有其特点，并需要注意不同的问题，东线主要是水污染防治与水环境保护，中线主要是水量调配和输水安全保障，西线主要是重视与黄河水量的联合调配技术。通过南水北调工程，将把长江、黄河、淮河、海河四大江河联系起来，构成"三纵四横"的中国大水网，该总体布局有利于实现中国水资源南北调配、东西互济的合理配置格局，对缓解北方缺水问题具有重大的战略意义；但是大型水利工程对宏观区域经济发展和生态系统的影响往往是难以估量的，因此，需要开展"三纵四横"的国家水网与经济格局和生态系统耦合关系的战略研究。

——地下水调蓄。即地下水人工调控与补给，一方面是削减和控制地下水资源的抽取量,减缓地下水位继续下降的趋势;另一方面是借助于某些工程措施,将经过处理后符合相关标准的地面水直接或间接地注入地下含水层中,以达到调节、控制和改造地下水体的目的。主要是针对于中国北方大中城市异常严重的地下水超采、地下水位沉降以及次生的环境与地质灾害问题,应重点发展城市污水地下回灌深度处理技术、地下水调蓄与受污染地下水环境修复集成技术、地下水回灌环境生态效应综合评估技术等。

——雨水利用-绿水管理。降落到地表的水资源可以分为"蓝水"与"绿水"两个部分,其中蓝水是可见的、易于利用的水资源,主要包括地表水和地下水,是灌溉、工业、生活用水的主要来源,也是支撑水生生态系统的基础;绿水则主要是被蒸散发的那部分水资源,是支撑陆生生态系统的基础,并可通过雨养农业、木材、牧场等方式被人类所利用。蓝水与绿水之间可以相互转化,自然界中绿水的数量超过蓝水,因此,提高对绿水的利用能力将能取得极为显著的效益。有鉴于此,应该大力发展如下方面的研究:雨水资源评价技术,雨水收集、处理和就地利用技术,雨水-地下水联合调控技术,洪水资源化潜力、风险及效益评估技术等。

二、水环境问题

水环境问题的科技发展目标是饮用水安全、湖泊富营养化治理、大江大河环境治理、重点地区及都市区环境治理,包括水源地保护、饮用水与人体健康、水污染防治及污废水处理、面源污染问题、水体(水环境)修复、数字水环境模型、地下水环境修复、地下水环境模型8个科技问题的27类关键技术(表6-1、图6-4),具体如下:

——水源地保护。主要目的是防治饮用水水源地污染,保证水源地环境质量,并保证长期的、持续的、安全的(卫生的)水量供应。应该加强的关键技术包括水功能区划方法与技术、饮用水水源保护区水资源再生保障技术、饮用水水源保护区污染负荷控制技术等。水源地保护需要多学科、多领域技术的共同支持，例如，综合地质学、水文学、生态学以及地理信息科学与技术支持的水功能区划研究以及水资源再生保障研究，在常规污染物监测与控制的基础上综合运用分析化学、生物化学、卫生防疫等的理论与技术对水源地进行"三致"（致癌、致畸、致突变）性有毒有机污染物检测等。

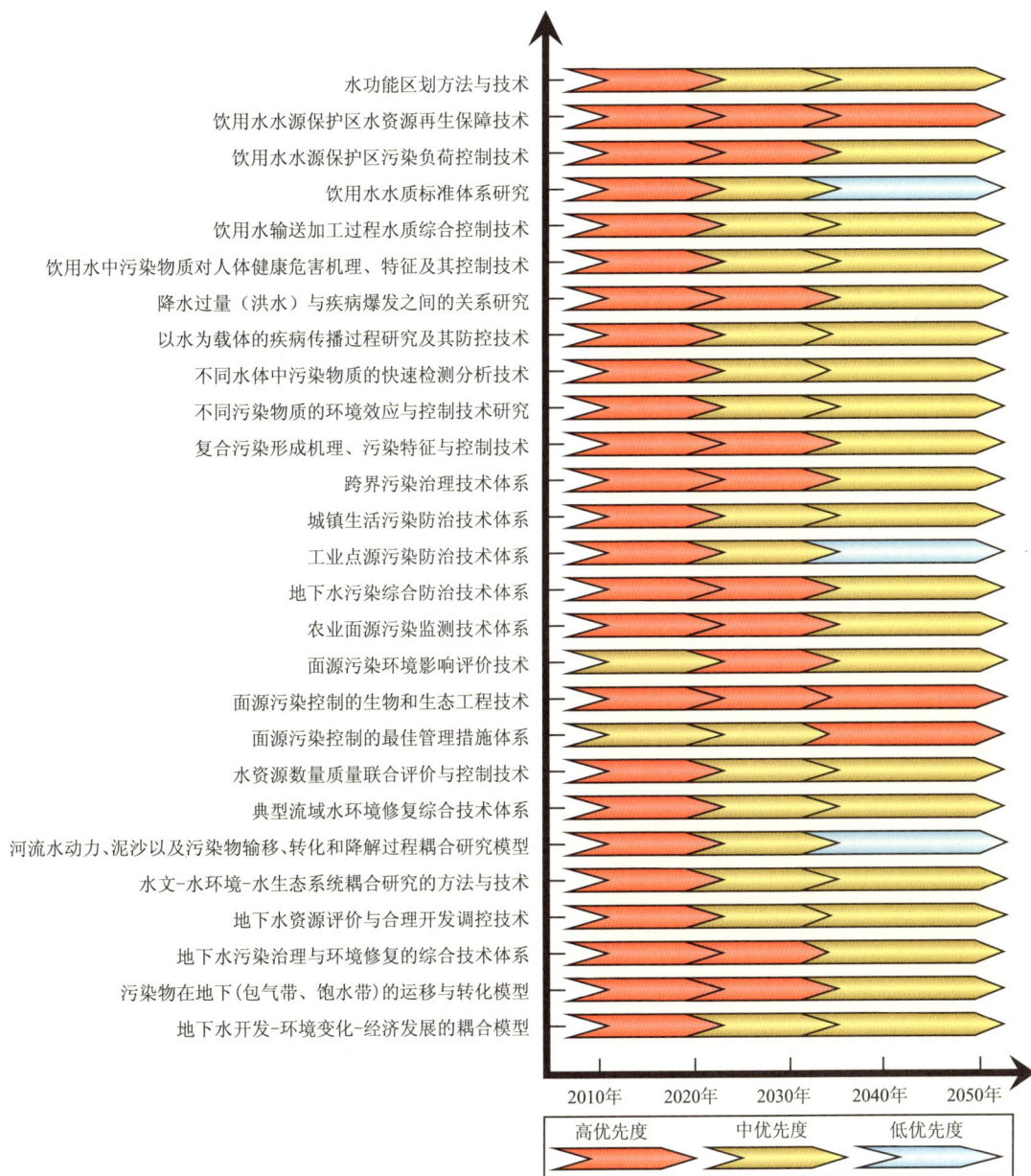

图6-4　水环境问题关键技术路线图

——饮用水与人体健康。水是人的生存基础，是人体循环系统、消化系统、呼吸系统、泌尿系统等正常工作的必要物质条件,是生命活动不可缺少的关键要素。饮用水在人体水分的获取中发挥着重要作用,饮用水的优劣对健康有直接的影响。随着饮用水水质的恶化,饮用水与健康的关系研究已日益引起人们的重视。饮用水与传染病、饮用水与癌症、类雌性激素与生育能力、矿物元素对健康的影响、重金属对健康的影响等都是当前国内外研究的热点领域,因此,应该在水源地保护相关研究的基础上进一步加强如下领域的研究:饮用水水质标准体系研究,饮用水输送加工过程水质综合控制技术研究,饮用水中污染物质对人体健康危害机理、特征及其控制技术研究,降水过量(洪水)与疾病爆发之间的关系研究,以水为载体的疾病传播过程研究及其防控技术研究等。

——水污染防治及污废水处理。虽然"结构性污染有所减轻"、"重点流域污染治理有序推进"、"水污染防治能力有所增强"、"水污染防治体制机制趋于完善"等已成为近年来中国水环境治理及成效的基本写照,但是,当前乃至今后较长时期内,中国的水环境形势整体依然十分严峻,特别是在某些区域"老问题尚未解决,新问题又接踵而至,主要水污染物排放总量明显超过环境容量……",因此,水污染治理仍将是重中之重。为此,近中期应该大力加强如下方面的研究力度:不同水体中污染物质的快速检测分析技术,不同污染物质的环境效应与控制技术研究,复合污染形成机理、污染特征与控制技术,跨界污染治理技术体系,城镇生活污染防治技术体系,工业点源污染防治技术体系,地下水污染综合防治技术体系等。

——面源污染问题。水环境污染通常可分为点源污染和非点源污染,点源污染主要包括工业废水和城市生活污水污染,通常有固定的排污口集中排放,非点源污染正是相对点源污染而言,是指溶解的和固体的污染物从非特定的地点在降水(或融雪)冲刷作用下,通过径流过程而汇入受纳水体(河流、湖泊、水库和海湾等)并引起水体的富营养化或其他形式的污染。虽然面源污染的污染物浓度通常较点源污染低,但是具有面广、量大、监测难、治理难等特点,而且随着点源污染防治力度的逐渐加大,面源污染将逐渐上升为水环境污染的主要方面。在中长期,应该着重加强如下研究:农业面源污染监测技术体系、面源污染环境影响评价及分布式模拟技术、面源污染控制的生物和生态工程技术、面源污染控制的最佳管理措施体系等。

——水体(水环境)修复。水环境修复是比单纯水污染防治要求更高、更综合,也更系统的环境治理。往往需要工程措施、管理措施、技术措施、生态措施等的相互结合。从中国水环境与生态退化的现状与特征出发,应该重点加强如下研究:水资源数量质量联合评价与控制技术、典型流域水环境修复综合技术体系等。

——数字水环境模型。主要是服务于中国不同水体和不同水环境问题的综合研究与防治,在水环境监测和调查的基础上,利用计算机技术和通信技术,实现环境信息的采集、传递、存储、维护、分析等,目的是揭示大量复杂的水环境规律,解决水环境问题,并辅助于管理和决策。应重点发展如下研究:河流水动力、泥沙以及污染物输移、转化和降解过程耦合及分布式水文模拟模型,水文-水环境-水生态系统耦合研究的方法与技术等。

——地下水环境修复与地下水环境模型。地下水作为水资源的重要组成部分,其开发利用必然会对环境及生态产生巨大的影响。地下水环境修复的重点是石油化工工业、化石燃料工业、化工溶剂和非溶剂、各种物质制造过程等导致的有机污染,以及市政垃圾、工业废弃物、采矿、冶炼和电镀等所造成的重金属污染等。地下水环境修复的目的不仅仅是污染治理,还包括促进地下水资源合理开发、控制因地下水开发而导致的环境地质灾害等。当前,地下水方面的研究尚存在较大的难度,因而,地下水环境模型的发展和应用发挥了不可替代的作用。总的来说,应重点发展如下研究:地下水资源评价与合理开发调控技术,地下水污染治理与环境修复的综合技术体系,污染物在地下

（包气带、饱水带）的运移与转化模型，地下水开发–环境变化–经济发展的耦合模型。

三、水生态问题

水生态问题的科技发展目标是水生态保育，包括河流健康、水土保持、次生盐渍化、生物多样性4个科技问题的25类关键技术（表6-1、图6-5），具体如下：

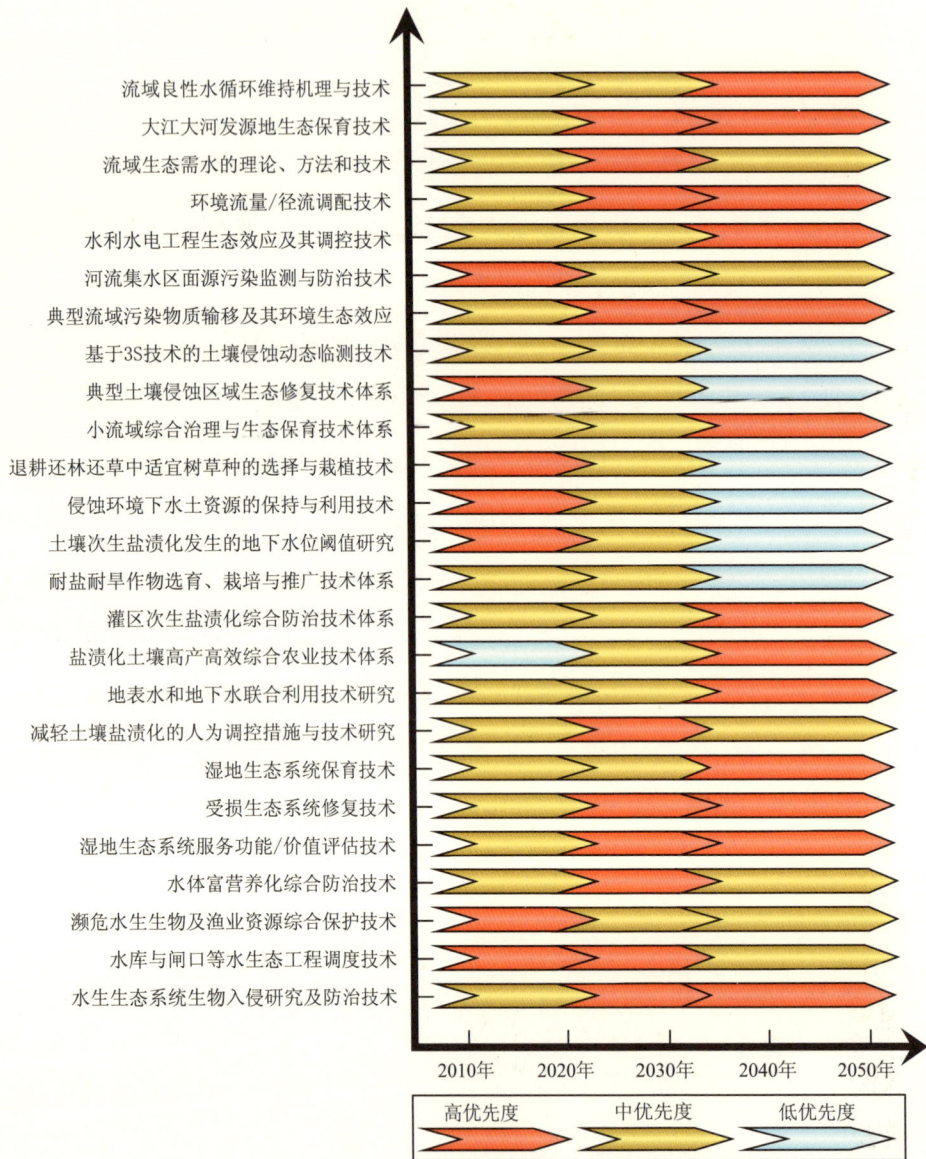

图6-5 水生态问题关键技术路线图

——河流健康。水循环过程是河流生命的表现，或者说，河流的生命在于水的流动，维系河流生命的核心是良性水循环。

"河流健康"概念并不是严格意义的科学概念,而是河流管理的一种理念,包含多种评价指标,其作用在于,可以通过建立一种基准状态并由这一基准出发,评估河流的长期变化,并判断人类活动等因素对河流系统变化的影响;藉由"河流健康",还可以建立一种协商机制,在河流开发者、保护者及社会公众之间达成健康标准的共识,平衡水资源开发与环境保护之间的利益冲突。从上述河流健康的内涵出发,立足于河流的特性,综合考虑河流的服务功能、环境功能、防洪功能、开发利用功能和生态功能等,应该加强如下方面的研究:流域良性水循环维持机理与技术,大江大河发源地生态保育技术,流域生态需水的理论、方法和技术,环境流量/径流调配技术,水利水电工程生态效应及其调控技术,河流集水区面源污染监测与防治技术,典型流域污染物质输移及其环境生态效应。

——水土保持。防治水土流失,保护、改良与合理利用山区、丘陵区和风沙区水土资源,维护和提高土地生产力,以利于充分发挥水土资源的经济与社会效益,建立良好的生态环境的综合性科学技术称为水土保持。1949年以来,中国在水土保持方面开展了大量的工作,并取得了卓越的成效,但是仍然存在着多方面突出的问题,例如,治理难度不断加剧,林下水土流失现象严重等。未来时期,为进一步促进中国水土保持工作的开展,应该重点加强如下方面的研究:基于3S技术的土壤侵蚀动态监测技术,典型土壤侵蚀区域生态修复技术体系,小流域综合治理与生态保育技术体系,退耕还林还草中适宜树草种的选择与栽植技术,侵蚀环境下水土资源的保持与利用技术。

——次生盐渍化。在干旱、半干旱及半湿润地区由于水文地质条件的不同而存在的非盐渍化土壤,因人类的不合理灌溉等因素,促使地下水位抬高,水中的盐分沿土壤毛管孔隙上升并在地表积累,由此引起的土壤盐渍化称次生盐渍化;除此之外,滨海区由于频繁海潮带入土体中大量盐类,在强烈蒸发作用下向地表积累而形成滨海盐渍化。次生盐渍化是中国土地退化的重要方面,导致粮食产量下降等,而且治理难度较大。未来时期,应该加强如下方面的研究:土壤次生盐渍化发生的地下水位阈值研究,耐盐耐旱作物选育、栽培与推广技术体系,灌区次生盐渍化综合防治技术体系,盐渍化土壤高产高效综合农业技术体系,地表水和地下水联合利用技术研究,减轻土壤盐渍化的人为调控措施与技术研究。

——生物多样性。生物多样性是指一定范围内多种多样活的有机体有规律地结合所构成的稳定的生态综合体,包括动物、植物、微生物的物种多样性,物种遗传与变异的多样性及生态系统的多样性等。中国是世界上生物多样性最为丰富的国家之一,其生物多样性保护具有重要的全球意义。物种的多样性是生物多样性的关键,既体现了生物之间及环境之间的复杂关系,又体现了生物资源的丰富性。生物多样性的意义主要体现在生物多样性的价值,对于人类来说,生物多样性具有直接使用价值、间接使用价值和潜在使用价值。未来时期,应该重点加强如下方面的研究:湿地生态系统保育技术,受损生态系统修复技术,湿地生态系统服务功能/价值评估技术,水体富营养化综合防治技术,濒危水生生物及渔业资源综合保护技术,水库与闸口等水生态工程调度技术,水生生态系统生物入侵研究及防治技术。

四、水灾害问题

水灾害问题的科技发展目标是旱灾防治、洪涝防治、应对气候变化、环境水文地质灾害防治,包括水利工程、预警系统、适应对策(适应气候变化的体系)3个科技问题的15类关键技术(表6-1、图6-6),具体如下:

——旱涝灾害形成和发展的机理与规律研究、降水资源时空调配的理论与技术、高强度地下水开发与地面沉降等的关系研究、极端天气气候事件引发的旱涝灾害研究、气候变化因素对旱涝灾害的影响特征、人类面临气候变化引发的水灾害的适应性问题6个方面研究是水灾害领域中以基础研究为主的内容,目的是把握洪涝与干旱灾害形成与发展的驱动因子、时空特征、内在规律,以及人类在灾害面前的适应特征等。基础性研究方向的进展构成应用技术研发的重要基础,因此应该成为近期、中期研究的重点。

——旱涝灾害监测评估技术、旱涝灾害早期预警技术、地面沉降的监测技术与调控措施、流域突发性洪水防治措施与技术体系、大型水利工程与旱涝灾害之间的关系研究、基于大型水利工程的旱涝灾害调控措施和技术、城市洪涝灾害防治措施与技术体系、涉水环境地质灾害的工程防治技术、旱涝灾害应急管理的决策支持系统9个方面研究内容是水灾害领域中以应用技术研发为主的内容,目的是形成对洪涝与干旱及其次生环境地质灾害的监测、评估和预警能力,并提高人类抵御这些涉水自然灾害的能力。

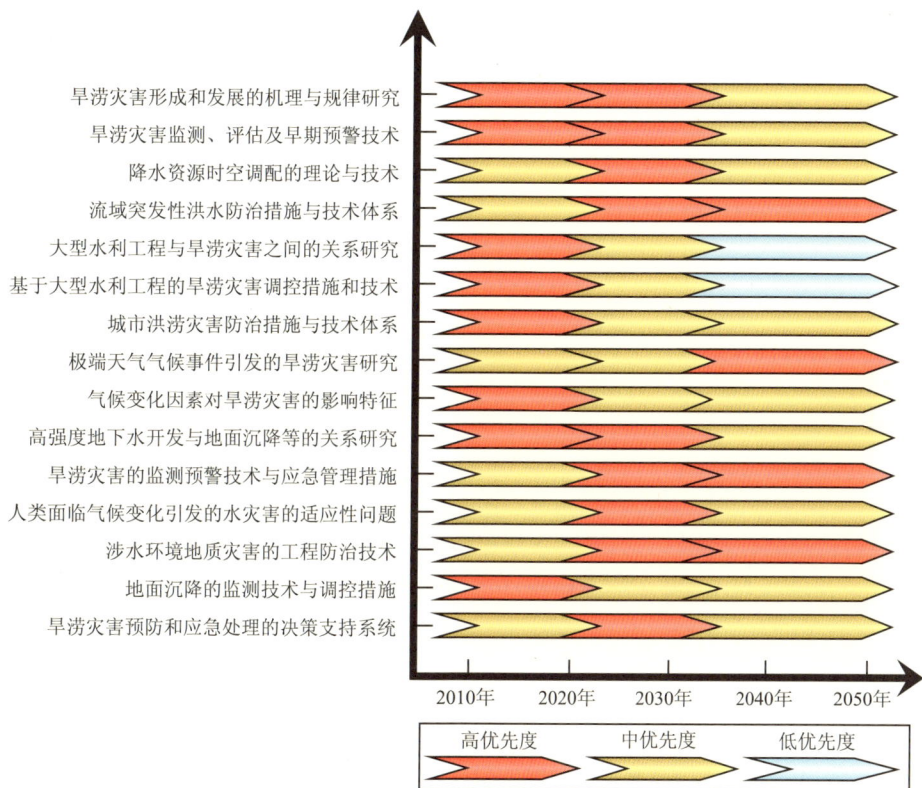

图6-6　水灾害问题关键技术路线图

五、水管理问题

水管理问题的科技发展目标是统筹协调,包括观测与监测,水需求管理的制度、政策和经济措施,水管理信息系统和专家决策支持系统4个科技问题的17类关键技术(表6-1、图6-7),具体如下:

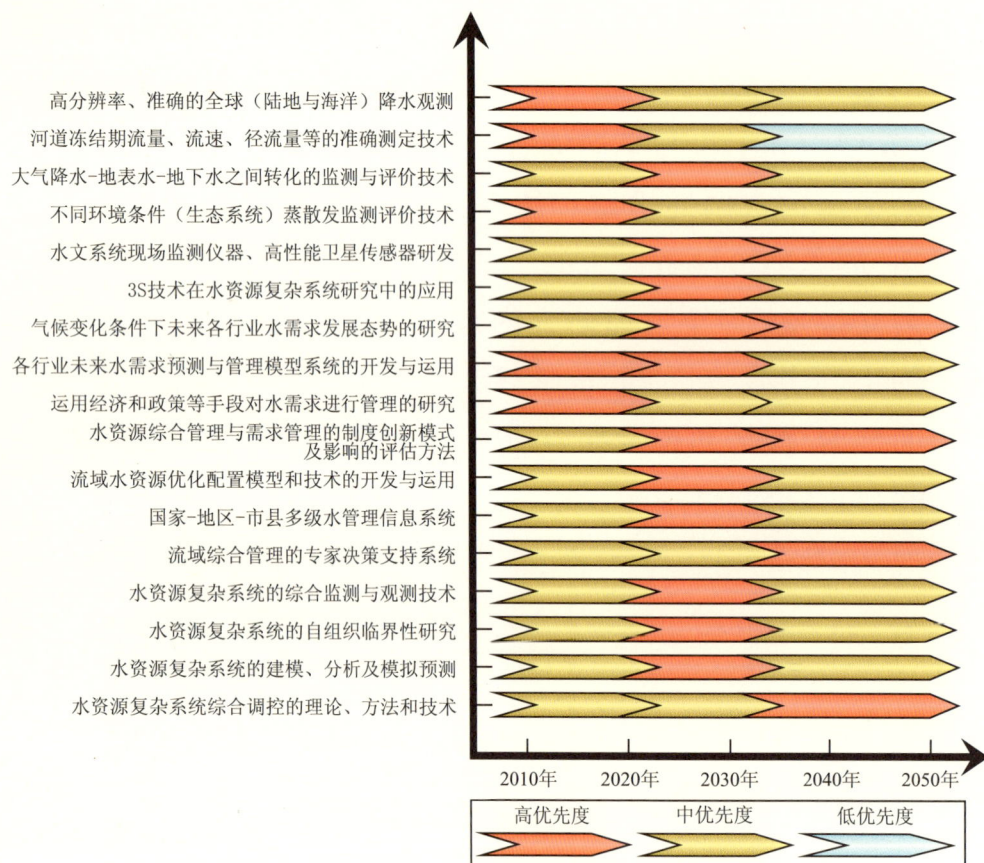

图6-7　水管理问题关键技术路线图

　　——高分辨率、准确的全球(陆地与海洋)降水观测,河道冻结期流量、流速、径流量等的准确测定技术,大气降水—地表水—地下水之间转化的监测与评价技术,不同环境条件(生态系统)蒸散发监测评价技术,水文系统现场监测仪器、高性能卫星传感器研发,3S技术在水资源复杂系统研究中的应用6个方面研究内容体现了对复杂"水系统"进行综合观测与监测的重要性。增进统筹协调能力、实现有效管理的前提与基础在于长时间序列丰富而准确的基础信息的获取与分析能力,因此,观测与监测主要是近期或中期的研究重点,以便在中期和长期得以应用。

　　——气候变化条件下未来各行业水需求发展态势的研究,各行业未来水需求预测与管理模型系统的开发与运用,运用经济和政策等手段对水需求进行管理的研究,水资源综合管理与需求管理的制度创新模式及影响的评估方法4个方面研究主要关注水需求管理的制度、政策和经济措施,属于"上层建筑"层面的水管理问题,具有高屋建瓴的特点,其影响将是非常广泛、深刻和深远的,而且,这种类型的水管理问题因不同的经济社会发展阶段而有所差异,因此,有必要从其具体内容的侧重点出发,分别设定为近期、中期和长期不同时间阶段的研究重点。

——流域水资源优化配置模型和技术的开发与运用,国家-地区-市县多级水管理信息系统,流域综合管理的专家决策支持系统,水资源复杂系统的综合监测与观测技术,水资源复杂系统的自组织临界性研究,水资源复杂系统的建模、分析及模拟预测,水资源复杂系统综合调控的理论、方法和技术7个方面研究内容目的是在观测与监测的基础上加强水管理信息系统和决策支持系统的建设与应用。水管理信息系统的主要作用在于实现对各种监测与观测数据的专业化、流程化的分析、处理与管理,这类系统与涉水政府部门常态化的服务与管理职能之间具有较好的对应关系,或者说,将主要直接服务于各级、各类型的涉水政府部门。决策支持系统应该是超越水管理信息系统的更高形态和更强大功能的计算机软硬件系统,面向更复杂的水管理问题,其基本特点是集成科学家、工程师、高级管理人才等的知识、经验与智慧,同时兼具科学性与实用性。水管理信息系统和决策支持系统将是中期研究的重点,并将在长期发挥出应有的价值。

第七章

若干重大科技任务建议

通过"中国至2050年水资源领域科技发展路线图"研究，我们形成对中国水问题的基本判断：

——中国当前首要的水问题是因污染所造成的水环境问题，同时水管理缺陷则加剧了各类水问题。

——水资源短缺将是中国经济社会发展的长期制约因素。

——中国水资源需求总量的零增长与人口变化、工业化进程等因素密切相关，大致出现在2030年前后。

——气候变化和人文因素对中国水资源问题的发展变化影响显著，会加剧多方面的水资源问题，并具有显著的不确定性特征。

——中国水资源问题具有显著的区域差异性，在科技发展方面需要有所侧重。例如，大江大河源区对气候变化及人类活动因素的影响非常敏感，生态脆弱、冰川融退等问题突出；三北地区主要是水资源供需矛盾突出；而东南季风区则存在洪水灾害、水污染以及海平面变化等问题。

——中国在水资源领域科技存在多方面的不足，必须大力促进水资源领域科技的创新步伐，以满足缓解和应对当前以及未来时期水问题的国家需求。

根据上述判断，我们分别在基础性研究、前瞻性技术研发、流域研究与管理、中国区域水资源问题对策四个方面提出相应的建议。

第一节 基础性研究

"气候-经济-水文系统相互作用及对中国的影响"研究

(一) 国家需求

早在20世纪70年代,联合国就已向全球发出警告:"水不久将成为一项严重的社会危机,世界上石油危机之后的下一个危机就是水危机。"气候变化与人类活动是全球水危机的两大诱因。前者主要是指全球变暖对水文水资源变化的影响,后者主要是指工业社会以来人口增长、工业化、城市化和农业集约化等因素对水文水资源变化的影响。"水文水资源"仍然是水资源、水生态、水环境、水灾害和水管理等领域研究的主题,加强全球变暖对水文水资源变化的研究是全球优先研究课题。

根据IPCC第四次评估报告以及中国《国家气候变化评估报告》(2007),由于全球变暖的不断加剧,将会引起水文水资源的全球格局变化,并在不同区域产生不同响应。其中,气候变化将对亚洲区域的水文系统产生如下影响:未来20~30年,喜马拉雅地区的冰川融化将使洪水和岩崩概率增加;随着冰川后退融水减少,江河径流量将逐步减小;由于海水入侵以及在某些大三角洲地区来自河流的洪水增加,沿海地区特别是南亚、东亚和东南亚人口稠密的大三角洲地区将会面临极大的风险;到21世纪中叶,东亚和东南亚地区的农作物增产预计可达20%,而中亚和南亚将减产30%;考虑到人口的快速增长和城市化的影响,总体上看,在几个发展中国家,饥荒的风险水平很高(曲建升等,2008)。

中国是世界上最大的发展中国家,幅员辽阔,跨越4°N~53°N的不同自然地带。21世纪,全球气候变化将对中国区域产生不可估量的深远影响,其中,中国区域水资源对气候变化的响应将是非常复杂的。主要特点是:①因纬度带而异;②水文水资源量的响应属非线性;③水文的变异,包括极值,有随温度升高而俱增的特点。这些特点会影响到水资源开发利用的规划与管理。过去50年，中国北方多数地区降水呈下降趋势，长江流域降水增加，华北、东北出现明显干旱化，随着气候变暖趋势，这些变化将会在很大程度上影响到中国的粮食生产及粮食安全、南水北调工程的运行管理等。

因此，必须开展全国不同地理区或纬度带的水文水资源对全球气候变化响应的研究，并为水资源未来情景做出预测。模拟研究的空间尺度应该以地理区域尺度为基础和重点，尤其是以宏观的地理分区（如气候区、经济区、流域等）以及国家尺度为目标，兼顾洲际乃至全球尺度变化的影响，时间范围应该延伸到几十年、一百年、几百年，甚至更大时间尺度，时间分辨率也应该是多尺度详略兼备。应该基于定量化为主的研究方法，研究物理气候系统、经济社会系统和水资源与水循环之间的相互关系与演变趋势。

（二）核心科技问题

综上所述，应该将"气候-经济-水文系统相互作用及对中国的影响"作为一个重大科技任务。通过研究，重点揭示：

1）水资源和水文过程的未来发展趋势，以及自然因素（特别是全球变化）和人类活动对其未来变化的影响作用。

2）从水的角度分析中国在全球中的位置以及中国与全球间的关系，特别强调全球尺度水资源-水文过程变化对中国的综合影响以及中国在适应全球尺度变化方面的能力与不足。

3）中国未来不同时间阶段，不同情景的人口变化与经济社会发展将会对"水"造成的压力，不同情景的水资源变化对经济社会发展的影响和限制特征，以及极端天气气候事件情景下中国经济社会的适应能力、承受能力等。

4）提出中国应对未来时期全球水资源-水文过程变化的国家战略，以及具体的、系统性的应对措施与技术等。

针对不同时空尺度气候-经济-水资源耦合系统的模拟研究将是一个非常复杂和艰巨的任务，其中既有丰富的科学问题，又有大量的技术问题需要解决,因此这一研究目标必须通过国家行为部署方能实现。核心的科学技术问题包括:地球系统科学、复杂系统科学、全球气候变化、对地观测技术、信息技术(信息采集、处理、传输、分析等)以及模型模拟技术等。

第二节　前瞻性技术研发

非常规污染物和新型污染物的防治技术与示范

(一)国家需求

近年来,中国的水环境污染已从陆地蔓延到近海水域,从地表水延伸到地下水,从单一污染发展到复合污染,从一般的常规污染物扩展到有毒有害污染物质等非常规污染物,已经形成点源与面源污染共存、生活污染和工业排放彼此叠加、各种新旧污染与二次污染形成复合污染的态势,对食品安全、人体健康构成了日益严重的威胁。

常规污染物是指无明显毒性而又易于生物降解的物质,包括生物可降解的有机物、可作为生物营养素的化合物以及悬浮固体等,污水处理常规净水工艺(混凝、沉淀、过滤、消毒)就可以去除。常规污染物包括生化需氧量、悬浮固体物、大肠杆菌、油和油脂。非常规污染物主要是指没有被列为常规或毒性污染物的污染物质,如氨、氮、磷、化学需氧量(COD)等。广义的非常规污染物还包括各种新型污染物。所谓新型污染物包括近年来越来越突出的持久性有机污染物(POPs)、环境的内分泌干扰物(EDCs,又称环境激素)、藻类和藻毒素等。在新型污染物中,有机污染物具有“致癌、致畸、致突变”的作用,内分泌干扰物质被认为对人的生殖系统有破坏作用,提前或延迟青春期的时间。藻类及其代谢产物不但影响常规水处理的处理效果,而且在氯化消毒过程中,还会生成氯化消毒副产物,产生藻毒素直接危害人体健康。

目前,中国对水环境的污染源的控制基本上还处在常规污染物控制阶段,与实际环境污染现状和必须采取的控制措施还有很大差距,对非常规污染物和新型污染物治理缺乏相应的技术储备。就全国而言,正是由于缺乏足够的相关技术和产品储备,导致各类企业对非常规污染物和各种新型污染物排放难以进行有效控制和治理,其结果造成了水环境质量状况的改善不能令人满意。

因此,今后必须开展非常规污染物和各种新型污染物防治技术的研究与示范,为保护水环境和人体健康提供有力的科技支撑。

(二)核心科技问题

目前,中国在水污染治理尤其是非常规污染物和新型污染物治理的技术开发、示范和产业化过程中,存在诸多薄弱环节。因此,当前和今后应该将"非常规污染物和新型污染物的防治技术与示范"作为一个重大科技任务。概括起来,核心的科技问题包括:

1)水中非常规污染物和新型污染物的迁移转化规律和控制机理。

2)针对水中非常规污染物和新型污染物的净水工艺(包括常规工艺的强化、深度处理和各种新工艺探索等)的研究和示范。

3)水中不同种类的非常规污染物和新型污染物的微量、痕量与超痕量分析技术,以及对水分子缔合结构的影响和对人体健康影响的定量分析和评价研究。

4)中国应对未来全球化和工业化加速时期水污染治理尤其是非常规污染物和新型污染物治理的技术发展战略和应对措施。

总之,非常规污染物和新型污染物的防治技术与示范是水环境改善领域的一项非常复杂、艰巨而又长期的任务,其中既有丰富的科学问题,又有大量的技术问题需要解决,要求理论研究、技术研发、示范和产业化相结合,因此这一研究目标必须通过国家有关政府部门、科研院所和行业企业的大力协同才能实现。

第三节　流域研究与管理

一、重点流域良性水循环维持机理与技术[*]

（一）基于水循环理论的广义水资源

　　一般所称的水资源是指流动与赋存在地表和地下的水（地表水和地下水），也就是"蓝水"，是水利工程开发的对象，因此，也可称其为"工程水资源"。地球上广泛存在的，但并不属于"蓝水"的其他水分，如降水和土壤中被一切天然生态系统所利用的水，我们称为"绿水"。显然，仅以地球陆地上的地表水和地下水作为水资源是狭义的。这两种水从水循环的全过程和水量平衡的全要素来看，仅是其有限的两部分。流域水循环全过程可以从水汽输送和其凝聚降水开始，经过植（作）物截留、下渗、产流与汇流等水文过程，形成液态淡水，最终聚集河湖、非饱和带与饱和带的土壤层以及潜水层和地下含水层中。由此可见，由地表水与地下水组成的工程水资源应是降水的派生水。由于降水不断的发生而形成地表径流与地下水的补给，并赋予它们不断的再生。因此，按照地球水圈中的水分运动的全过程来分析，可以把不断快速再生的降水作为流域天然水资源的总来源。

　　广义的水资源理念就是要对能积极更新的降水及其所转化而来的地表水与地下水和其他各种水分（包括人类直接和间接利用的一切天然水源）加以开发利用。因此，全面发展水循环理论支持下的广义水资源的科学研究，需要发展从水汽输送、雨云形成到降水和由降水（液态与冰雪）到地表的径流、蒸发以及土壤和岩石各个圈层的过程，全面深入研究地球水系统水分的运动与相互交换作用及反馈机制，并在此基础上合理开发利用和综合管理地球上的水资源。

---

[*]　根据刘昌明先生提供的资料整理而成。

（二）流域良性水循环维持机理

内容包括基于水循环的理论研究，结合保护自然生态和环境、满足社会经济发展对水资源日益增长的需要，实现良性水循环维护。显然，这一研究涉及水循环的自然过程与社会过程两个方面及他们之间的相互作用与耦合，具有极其广泛的内涵，包括水循环在大气与地表（海、陆）中的过程和在社会经济中的过程。前一过程主要关系到自然生态平衡，后一过程则与人类活动的规模与强度密不可分。

图7-1表示人类经济社会的水循环从自然中取水进行输水、调蓄、供水、用水、耗水与排水的过程。这种系统过程形成对自然水循环系统的后果是改变了自然水循环：减少水量和增加污染。维护自然水系统的良性循环的主要方向与目标是维持自然水系统水资源可再生性和必须有的环境纳污容量。自然水循环是一个复杂的动态系统，其变动阈值是研究生态系统平衡维持与环境容量保护的主要依据。由于自然水循环的变化与气候系统的变化密切相关，研究气候变化对自然水循环过程的影响和预测非常重要。研究的任务是鉴别人类活动规模影响自然水循环的程度、反馈机制、引发生态系统和环境变化以及社会经济发展的后果，并为国家决策提供科学依据。

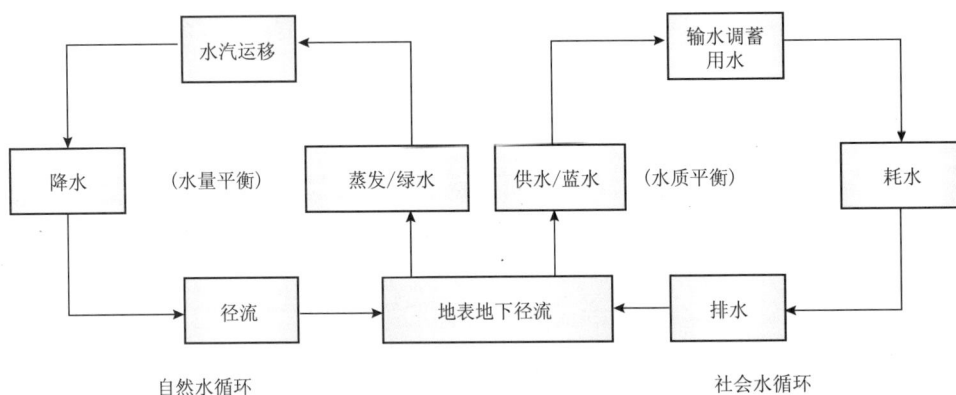

图7-1 自然水循环与社会水循环过程示意图

（三）对长江黄河开发治理中科技问题的思考

对于像长江和黄河这样的大流域来说，由于水源多种，生态和环境条件多样,水情变化大,行政分割,区域间经济社会发展水平不平衡等原因,必须对水资源实行综合与统一管理。从科技方面看,这是一个多目标的系统工程问题,必须全面分析跨自然与社会的多层次状态变量与多维参数向量及众多的约束条件。

长江和黄河以及中国其他大江大河的治理与开发涉及很多科研问题,基于流域良性水循环维持机理,在水生态与水环境方面需要研究或重视的问题主要有:

1)创新的基本理念是人与水的和谐,特别是长江中下游与黄河下游滩区的洪水防治以及生态保护问题。必须明确河流健康目标是人们对河流存在状态的描述,是河流的社会属性。因此健康河流是指在相应时期其社会功能与自然功能能够均衡发挥的河流,其标志是:在河流自然功能和社会功能均衡发挥情况下,具有通畅水流通道、良好的水质和能维持与河流有水力联系的生态系统。为此要制定评价指标体系,确定维系生态最小需水量。河流健康研究也是目前国际的前沿热点。

2)对长江与黄河这样的大流域来说,水资源统一管理模型的多目标求解,不可能有最优解,只能寻求满意协调。如何创建适合中国国情的这种大流域分布式模型,是对中国水利科技工作的一个挑战。

3)水资源系统是社会、经济、环境、生态共享的系统。它的功能结构包含被利用的资源水、环境水、生态水以及难被利用的灾害(洪)水,不同于常谓的"四水"转化,我们称其为新的"四水"关系,如何对它们进行转化调控,是一个尚未解决的科技难题。

4)全球气候变化对水资源的影响,引起了中国水资源分布的时空变化和水资源极值变化,特大洪涝与干旱灾害频发,区域水资源供需紧张的矛盾十分突出,城市与工业挤占环境用水而导致水生态与水环境的退化的加剧。特别是长江、黄河上游源区冰川的退缩,令人担忧,这些都成为当今水利科技研究不可忽视的问题。由于长江与黄河流域幅员辽阔,区域径流对气候变化的不同响应与非线性变化问题研究方兴未艾。如何把日益增长的高强度、大规模人类活动与全球气候急剧变化交织起来从而对中国水资源的影响加以区分？采取以适应性为主的应对策略与措施，是我们必须面对的一个重大水利科技问题。

5）水利科技创新的问题十分广泛。我们必须兼顾一般，重点突出当前国家的急需。在全面开展水利科技创新的同时抓住关键问题。首先要解决业已出现的两个迫切水危机问题：一是水污染的严重蔓延，二是北方地区和部分南方城市地下水水位大范围下降的问题。近年来长江与黄河以及中国其他大江大河的水环境状况日趋下降。如去年太湖和其他水域的蓝藻暴发令人惊心，据悉太湖流域河流水质全年期综合评价Ⅰ～Ⅲ类水的河长仅占评价河长的6.5%。长江流域"三湖"的内源污染问题远未解决。地下水超采在黄河流域及其相邻的华北地区业已出现局部地下水将被疏干的危机。这些问题都是水利科技创新的关键和当务之急。至于治水策略，则需要强调"节水优先，治污为本，多方开源"。针对上述中国目前两个主要水危机问题而言，不难看出其重要意义。特别是节水与治污是由"供水管理"转向"需水管理"颇具战略性的措施，如节水就具有三大功能：一是保护水资源的量和质，二是减少废污水的排放，三是降低用水的环境成本和提高水利经济效益，所以节水有"一箭三雕"的作用，防治水污染更是维护饮水安全和可持续发展之必须。

二、"流域综合管理体系的科技支撑"研究

（一）国家需求

流域综合管理已经成为全球水资源管理的重要方向，各国都在采取相应措施推进流域综合管理或水资源综合管理。

由于社会经济高速发展，中国正面临水环境、水资源、水生态和水灾害四类最紧迫的流域性水问题。它们突出表现为复合型水污染及其在流域内的转移，综合性水资源短缺与饮用水安全问题、水利水电等工程引发的生态破坏与经济损失，以及由旱涝灾害和污染事件等构成的综合性流域涉水灾害。而全球变暖

的趋势更加剧了上述问题,增加了未来的不确定性和风险。在现阶段,流域性水问题特别是水污染正在成为制约中国发展的瓶颈之一,例如,2005年,七大江河的COD排放约占全国总排放量的80%,但流域内城市生活污水处理率只有35%。过去10多年,虽然中国在治理污染方面也采取了不少措施,但由于没有从流域尺度进行有效的统筹协调,造成流域整体生态环境不断恶化。为了保护流域的完整性、促进流域开发与保护的多目标协调、平衡流域各利益相关方关系,目前无论是流域管理的体制机制还是科技支撑都不足以满足和适应新的复杂的流域性问题的要求,迫切需要开展流域水资源综合管理的研究和体系建设。

流域水资源综合管理涉及众多的科技问题,包括流域监测、信息平台与共享、流域环境容量、流域规划的科技支撑,以及流域立法、流域管理机构、流域生态补偿的体制、机制和政策问题。需要进行跨学科的综合研究。

(二)核心科技问题

实施流域综合管理,需要一个理论与实践相结合的长期过程。但首先必须通过加强相关研发,提高流域综合管理的科研基础。流域综合管理涉及的核心科技问题包括:

1)流域水环境监测体系与信息平台建设。选择典型流域,开展中立的流域水环境监测试点,通过招标、委托等方式确定监测机构,负责径流、水质、生态、泥沙、取水等信息的采集、处理和披露,整合相关监测资源,统一监测标准,保证公共信息的真实性与共享。研究如何在流域层面落实政府信息公开,促进综合性的流域信息发布平台建设。

2)流域综合规划的指导原则与技术规程。流域综合规划对于指导流域综合管理发挥着举足轻重的作用,而且是在现有体制下推进流域综合管理最现实可行的方法。但目前的流域综合规划还不能称为一个真正完善的流域综合规划,流域综合规划需要建立在推进流域综合管理和利益相关方参与的框架下。应研究在新的管理体制下如何开展流域综合规划,并研究规划修编的指导规范和技术规程,将人水和谐的流域综合管理等最新理念纳入其中。

3) 典型流域污染减排的总量设定、目标分解与配套政策。根据流域的环境功能和环境标准,研究各受污染水体的污染物最大日负荷量,及其分解到流域内各污染源的方法;从基础数据收集和监测入手,研究如何将国家水污染物减排目标分解到主要流域及污染源,并制定省级跨界断面水质标准与实施方案,研究简单有效的模型进行污染负荷测算和水质评估,制定案例区的流域水污染减排方案和控制对策。

根据流域废水排放情况、流域水环境功能及污染负荷设定流域排放总量上限和削减量,围绕这一目标及削减时间表设计配套政策和路线图,包括推行强制性行业超前排放标准、经济激励政策和探索排污权交易制度。

4) 国家饮用水安全的预警与应急管理技术体系。总结国内外饮用水危机事件(如淮河、松花江、太湖及一些地下水水源地等)中的预警与应急的经验与教训,制定饮用水安全管理的应急对策、程序与保障措施。建立国家水环境与人体健康监测系统是该预警与应急管理体系的重要组成部分,通过该系统,可以获得更加全面和准确的数据与信息。

5) 开展流域水质水量联合调度与水利设施的生态调度方法。由于水质水量分别在环保和水利部门进行管理,在很多的流域,二者缺乏良好的协调。黄河流域在水量联合调度方面已经积累了很多经验,可以在此基础上开展流域水质水量联合调度与管理的研究,并进行示范。对已达到服役期的闸坝工程进行安全性、经济效益与生态环境影响评价,对没有经济价值的闸坝实行退役;研究三峡等大型水利工程对水生生物的影响,通过调整水利工程调度方案,恢复河流生态健康。

6) 气候变化背景下水资源与流域管理的适应对策。研究全球气候变暖对长江与黄河等典型流域水资源、水循环以及水旱灾害的影响;研究流域生态系统对气候变化的脆弱性与适应性等,并研究相应的水管理对策与政策。

7) 流域生态补偿政策与机制。尽管制定流域生态补偿政策的难度很大,但这一领域仍然是非常必要和迫切的。研究的重点应是通过比较不同流域生态补偿政策的标准、成本和效益,发现最有效的流域生态补偿机制及实现途径。另外,探索资源开发(土地利用)的特许经营、环境影响评价、生态服务付费和生态保护协议等政策相互配套的组合模式及其可行性。

第四节　中国区域水资源问题对策

一、大江大河源区水问题化解的策略、措施与关键科技

大江大河,如长江、黄河、珠江等,始终都是中国经济与社会发展的重心和纽带,是支撑中国未来时期可持续发展的基础。大江大河的源区是生态意义极为突出的区域,也是对气候变化及人类活动等影响因素反应极为敏感的区域;江河源区气候及环境的变迁对整个流域的水资源、水文过程、水化学以及生态系统(既包括水生生态系统,也包括流域范围内的陆地生态系统及农业生态系统等)都会产生深刻的影响。

中国科学院知识创新工程重大项目"西部生态环境演变规律与水土资源可持续利用研究"相关研究成果表明,以气候变化为主导因素,江河源区(长江、黄河源区)过去50年间生态环境已经发生了极为显著的变化(专栏7-1),处于亟待保护的状态中。从中国未来时期水资源安全的角度出发,这种变化是非常值得关注的重大问题。

专栏7-1 江河源区的生态环境变化

长江与黄河源区整体生态环境呈现不断恶化趋势,突出表现为草地退化、土地荒漠化持续发展,生态平衡失调等。在草地生态方面,江河源区植被类型分布相对简单,以高寒草甸(包括高寒灌丛草甸、高寒沼泽草甸)与高寒草原为主构成草甸草地和草原草地两大类。各自的主要退化形式不尽相同。高寒草甸草地突出的退化表现是黑土滩与沼泽草甸的疏干旱化,而高寒草原草地则以草地沙化和砾漠化为主。其中高寒草甸草地的黑土滩型退化又有两种表现形式:一种是裸土化,集中分布在河谷两侧的山坡地带,其形成原因,初步认为与放牧活动(挖掘虫草)、鼠害和冻融侵蚀有关;另一种是原生植被被杂、毒草取代,而地表覆盖没有变化甚至高于原有植被覆盖,实质是植被种群演替导致的利用价值或生态功能的退化。从环境角度讲,这种变化是否属于恶化,还存在争议。黑土滩化占据退化草甸草地的大部分面积,初步认为其形成原因是由于近年来江河源区气候暖干化及局部过度放牧,引起鼠害泛滥,又缺乏治理和维护造成的。20世纪70~80年代直至90年代初期,江河源区牲畜数量呈不断增长趋势,导致承载能力十分有限的高寒脆弱草原生态不堪重负,加剧了气候变化对草原生态的影响。在局部地带这种人为作用还可能是主导因素。江河源区日趋严重的土地沙漠化,除了与草地植被退化有关外,其形成与分布还与河道波动变迁以及地貌条件密切相关。分布较为广泛的独立新月型沙丘和初育沙丘表明本区域现代沙漠化正在发展中。至于沙漠化的形成与分布机理,将作进一步深入研究。

黄河源区玛积雪山的冰川考察发现末次冰盛期古冰川分布范围十分广泛,冰川末端下伸到海拔3700~3800m,新冰期和小冰期的冰川分布范围进一步缩小,末端海拔高度逐步升高。由于冰川退缩,现代冰川末端高度已上升到4400m以上。通过对玛积雪山东北侧部分冰川末端的GPS定位及与1966年地形图和1981年考察测量结果相比较,发现玛积雪山最大的哈龙冰川在1966~1981年间相对于1966年前进了近800m,1981~2001年处于退缩状态,目前冰川末端还没有退缩到1966年时的冰川位置。但从冰川两侧新鲜冰碛来看,该冰川的厚度减薄十分明显。玛积雪山东侧规模较小的冰川及南部的耶和龙冰川则一直处于退缩状态。这势必对冰川融水径流带来重大影响。格拉丹东地区各冰川退缩也是十分明显的。尕日曲冰川末端本次考察实际定位与1989年冰川冻土所考察时标定的位置相比已经退缩六十多米左右,尕日曲沟谷几条侧沟冰川退缩也十分严重。其中进山口右侧1号冰川已经退缩成冰斗冰川。进山口右侧各冰川末端海拔高度都在5550m以上。本次考察实测与60年代航摄地形图对比,侧谷冰川退缩都在30m以上。冰川退缩速度加快,主要原因是全球变暖趋势及格拉丹东地区近十多年来降水量减少。冰川面积的减少与江河源区气候干旱化趋势密切相关。黄河源区多年冻土也出现退化,主要表现为活动层厚度的增加,其原因与黑土滩广泛发育、草场退化严重有关。多年冻土活动层厚度的增加,首先将要导致多年冻土冻结层上水水位的降低,致使活动层中水分含量减少。从而加速草场乃至整个生态系统退化,形成了恶性循环。

生态环境与多年冻土的发育有着良好的关系。江河源区森林和灌木分布的地区没有多年冻土发育;荒漠草原和草原带分布于多年冻土活动层厚度较厚(>2.5m)和季节冻土区,这些地区的土壤含水量较小,有机质含量也较小;高寒草甸分布区的活动层厚度在1.5~2m之间,地表附近发育有厚为10~30cm的有机质层(草皮层);而沼泽草甸区的活动层厚度一般小于1.5m,甚至在1m以内,地表附近发育有泥炭层,为20~50cm厚,有的地方甚至超过1m。在阿尼玛卿山区,零星多年冻土分布的下界大约在海拔4000m左右,主要分布于谷地的平坦地、平缓斜坡下部以及山顶的平坦地上,地表植被类型为草甸或沼泽草甸;而同高度的其他植被类型区一般没有多年冻土发育。连续多年冻土的下界则在4300m以上或更高。

江河源区湖泊调查揭示出湖泊对近代环境变化有极好的响应。在气候暖干化趋势加剧的情况下,众多以降水径流补给的湖泊退缩、咸化乃至消亡。许多小湖退缩明显,如位于五道梁附近的清水湖有明显的退缩现象、可可西里的盐湖已趋干枯,黄河源的龙木错退缩了将近一半。但在区域气候变暖,冰川消融退缩加快的背景下,部分主要依赖冰川融水补给的湖泊有短期扩张淡化趋势。如可可西里地区的库赛湖,近期由于昆仑山冰川融水补给增加,湖泊明显淡化和扩张。但就五十年来总趋势来看,江河源区的湖泊是以退缩为主的。

江河源区由于海拔高,生态环境破坏后可恢复性差,防止草地沙化,维护生物多样性显得十分重要。通过这次调查,我们认为江河源区现状存在的区域植被退化的主导因素是气候变化。这与近年来大多数学者认定的人为因素占主导作用的观点不同。如长江源可可西里地区在青海省江河源自然保护区的管理下基本上没有牧民放牧,但考察时我们看到正值生长期的牧草却因干旱少雨而呈现出枯黄的颜色。这只能归因于降雨量减少等气候因素。当然,对草地的过度放牧和滥采乱挖等人为因素及鼠害是造成草地生态破坏与沙漠化的直接因素。人为因素在一定程度上也是可控因素。从调查情况来看,只要采取适当的保育措施如围栏、封育、灭鼠、人工补播和严格的轮牧制度，退化植被的恢复是有可能的。

资料来源：江河源区生态环境急待保护. http://www2.cas.cn/html/Dir/2001/10/16/1570.htm

鉴于江河源区过去50年来生态环境变化的基本事实、发展趋势及主要成因，未来时期应该重点加强如下研究：

（一）基础研究方面

主要是继续加强对江河源区生态环境演化特征、规律、趋势与机制等方面问题的研究力度。具体而言，包括：

1）应进一步开展江河源区基础性、综合性和多学科交叉性质的调查与研究，逐渐扭转基础数据信息严重不足的现状，包括：对植被、草地、冰川、冻土、河流、湖泊、地下水等各个组成部分的水资源及水化学特征进行调查与研究；加强综合性监测平台与观测实验站的建设和组网，尤其是需要不断提高监测平台或实验站的密度；建立并发挥地基定点、车载移动、航空机载以及卫星传感器等组成的多尺度、时空耦合的综合性监测平台。

2）加强对湖芯环境记录、树木年轮、冰芯记录以及沉积记录等多源、多类型信息的取样、分析、比较和综合，在更长的时间尺度进一步深入揭示江河源区环境变化的基本过程与特征，以及变化过程中"水"要素与其他要素之间相互影响关系的特征、规律与机制。

3）考虑到过去50年间生态环境变化的主导原因是气候因素的初步结论，应该将江河源区放在更大的空间尺度与时间过程中加以研究，重点是在多学科交叉研究的基础上，建立和发展机理性的综合模拟模型，揭示气候变化宏观背景对江河源区水资源及其承载力、水文过程等的影响特征与机制，尤其关注这种影响在未来时期的发展趋势。同时，亦应加强对人类活动因素影响作用及相关机制的研究力度。

4）鉴于江河源区在整个黄河流域与长江流域，乃至全国范围突出的环境与生态意义,应该加强江河源区环境与生态变化对整个流域(或全国)影响效应方面的深入研究,揭示流域中下游环境与生态以及经济社会发展等对江河源区环境与生态变化的响应特征及其发展趋势等。

(二)适应性技术研发及管理策略方面

江河源区属于环境与生态的脆弱区,对气候变化及人类活动等影响因素的反应较为敏感,而在较短的时期内,人类扭转或阻止气候变化基本趋势的可能性几乎是不存在的,因此,在江河源区强调适应性技术研发及管理策略的运用,这是非常必要的。具体包括:

1)生态保育与修复技术的研发。目的是在最大程度上降低生态环境继续向不利/恶化方向发展的可能性,或者是减缓这种发展的速度,并力争使之趋向良性的发展方向。重点是针对退化、沙化的草地资源,应力争恢复植被,保持生物多样性。

2)产业发展模式及管理措施的研究与试点。大力探索、研究结合生态保护的产业发展模式及管理措施,目的是控制人类活动强度使之处在生态承载力范围之内,尤其注重畜牧业发展模式调整策略的研究与探索,对过度放牧、轮牧制、围栏养殖及封育措施等问题开展研究;同时,大力研发鼠害防范、草地资源保护、沙漠化防治等方面的技术。

3)江河源区生态功能区划、生态移民政策措施等方面的研究。加强江河源区生态功能区划的研究,针对生态意义极为突出的区域,研究生态移民的必要性及相关的生态效益、配套政策措施等。

4)中下游区域适应性技术研发与管理策略方面的研究。针对江河源区环境与生态变化对中下游区域的影响效应,开展中下游区域适应性技术研发与管理策略研究,例如,研发适应与克服上游来水减少所造成负面影响效应的相关技术,研究相应的适应性管理政策与措施等。

二、三北地区"水危机"化解的策略、措施与关键科技

三北地区是指中国西北、华北北部、东北西部,面积非常广阔,大多属于干旱、半干旱与半湿润过渡气候区域,生态脆弱,水资源短缺,是中国"水危机"问题尤为突出的区域。三北地区的生态修复和生态建设具有突出的全国意义,影响到全国生态环境的改善。从自然条件来看,中国的八大沙漠、四大沙地均分布在三北地区,土地沙化问题突出,而且,三北地区包括了中国的风蚀、水蚀交错分布区,水土流失异常严重。总的来说,三北地区的风沙灾害和水土流失构成了中国生态建设的关键问题,三北地区仍将是中国生态保护与修复的"主战场"。

水资源短缺及时空分布不均衡是三北地区生态建设及经济社会发展的最主要限制因素。考虑到华北地区有南水北调工程和东北地区水资源条件相对较好,在此,重点以西北地区为例讨论"水危机"化解的策略、措施与关键科技。

(一)西北水资源概况

广义的西北地区包括新疆、青海、甘肃、陕西和内蒙古西北部,总面积374万km^2,占全国的39%,总人口约1亿,占全国的8%,涉及西北内陆河流域(包括新疆的部分外流区域)、黄河流域、长江流域和澜沧江流域。一般西北研究范围只涉及西北内陆河流域和黄河流域,包括新疆、宁夏的全部,青海、甘肃、陕西的部分地区及内蒙古西部的阿拉善盟、鄂尔多斯市和乌海市,土地总面积312万km^2。

西北地区水资源总量1563亿m^3,其中地表水资源量1428亿m^3,扣除无人荒漠区的不可利用水资源量,并考虑新疆出境河流的一定出境水量以及黄河流域各省(自治区)分水指标,可供维持人类生存利用的水资源量约为1071亿m^3,再扣除维持生态环境需水量约271亿m^3,西北地区可供国民经济发展利用的水资源量为800亿m^3。

西北地区人均水资源量2046m^3,高于国际公认的人均1700m^3的水资源紧张的警戒线,耕地亩均水资源量843m^3,从

这些数字看,西北地区人均水资源并不贫乏,但亩均水资源量却很低。西北地区降水稀少,蒸发强烈,区域平均径流深仅46mm,主要来自山区,且时空分布和水土组合极不均衡,生态环境十分脆弱。

西北地区水资源利用存在的主要问题是:农业灌溉面积的扩大和用水浪费导致一些地区用水紧张;国民经济发展用水挤占原有的生态环境用水,致使生态环境恶化;缺少控制性的调蓄工程,对径流调蓄能力低;一些地区大量兴建平原水库,造成用水浪费;灌溉定额偏高,用水效率低;水资源统一管理滞后,难以适应水资源可持续利用的要求等。

现状水资源开发利用程度较高,包括生态环境用水在内的水资源开发利用程度为70%。现状供需平衡结果表明:西北地区国民经济需水775亿m^3,在现状工程条件下的正常来水年份,西北地区供水量不能满足国民经济需水要求,缺水量47亿m^3,缺水程度近6%,主要分布在新疆的准噶尔盆地、吐哈盆地、中亚细亚内陆区、河西内陆河地区、陕西关中地区,这些地区的缺水量占总缺水量的85%。现状生态环境需水量250亿m^3,缺水21.6亿m^3,主要缺水地区为新疆的塔里木河和河西内陆河等所有盆地区。

(二)"水危机"化解的策略、措施与关键科技的研究重点

1. 基本策略研究

基本策略研究主要包括以下几个方面:

1)生态型经济社会体系策略研究。通过研究,强调资源节约型和生态化的产业发展模式与社会消费观念,促进节水型社会建设,农业区域大力推进向节水农业的转变,城市与工矿区域重点推广节水与净化方面的工艺技术,全面协调水资源和生态环境与经济社会发展之间的关系,逐渐培养和发挥水资源节约利用的市场调控机制。

2)生态与环境需水战略研究。通过研究,大力促进西部生态脆弱区生态环境需水量的保证程度,目的是加强西部主要河

流的流域综合管理,降低水资源利用率,协调上、中、下游之间的水资源调配关系,保证河流不断流,保证下游区域有足够的水量支持其生态和经济社会发展。

3)水资源政策法规与综合管理策略研究。目的在于加强水利基础设施建设,增强水资源调蓄能力,调整产业结构,优化水土资源配置,控制和扭转农业灌溉用水规模的无节制增长,加强水土流失治理,推广利用先进技术提高灌溉用水效率,在城镇区域推广污水处理技术,强化污水处理。

4)产业结构调整及空间布局优化策略研究。目的在于通过调整产业结构及布局优化,促进水资源高效、节约和生态化利用水平。

2．主要措施研究

主要措施研究包括以下几个方面：

1)节流与挖潜措施研究。重点加强水资源的节约利用和高效利用,尤其注重农业节水技术的推广,提高灌溉用水利用率和单位用水粮食产量,同时,增加水利投入,并进一步挖掘现有水利工程的供水和调控能力,弥补水资源时空分布不均所造成的影响。

2)开发与保护措施研究。重点是保护,尤其注重流域空间内的水资源综合管理,保护江河源区生态系统的水源涵养功能,保证河流环境流量,维持健康河流生态。

3)绿洲区域水资源管理和水环境治理措施研究。目的是合理利用自流灌区的浅层地下水资源,促进绿洲水资源—生态系统—经济社会耦合系统的可持续性。

4)水资源优化配置和管理措施研究。包括地表水与地下水联合调控与利用,其目的是促进水资源管理中的综合与协调,建立相应的生态补偿与财政政策,激励和促进西部水资源的合理利用与有效保护。

5)节水区划与规划措施研究。根据区域水资源禀赋及经济社会发展特征综合确定节水区划方案及各个分区的节水规划方案,促进水资源的高效利用。

6）重点区域水环境保护措施研究。在局部区域,特别是重要的工矿区、城市等,亦存在比较严重的水污染问题,应该强化水环境保护,避免在资源性缺水的基础上又叠加水质性缺水问题。

3．关键科技研发

重点关注如下科技问题：西部水循环过程的精确监测/观测与高精度估算(获取降水、蒸发、地表水、地下水数量及其时空变化和系统转化等方面的准确数据)；西部水与土壤、植被、大气和岩层之间的相互作用过程研究；西部地区(及其分区域)水资源可利用量和承载力监测与研究；全球气候变化背景下西部水资源系统响应机制研究；西部大规模生态修复和建设与水资源演化之间关系研究；西部水资源可持续利用的优化模式研究与示范；流域水资源综合管理的策略、机制与措施研究；西部水—生态系统—粮食—经济社会发展区域耦合系统集成研究；西部缺水严重区域集水保水关键技术研发与示范；西部粮食主产区节水农业模式、高效节水技术集成与示范；水资源节约型生态建设模式与技术研究与示范。

三、东南季风区水问题化解的策略、措施与关键科技

（一）东南季风区水问题概述

东南季风区气候湿润,属于中国水资源总量比较丰富的区域,但是由于人口密度大、经济社会活动强度高、城市化发展迅速、农业活动程度剧烈等原因,水环境污染问题日益严重,局部区域的水土流失等环境与生态问题也仍然非常严峻；而且,水资源时空分布不均匀,洪涝灾害频繁、影响范围广、危害程度大；除此之外,人口最稠密、经济也最为发达的沿海区域还面临着比较严峻的海平面变化威胁(尤其是上升趋势)以及沿海海域赤潮事件等。

（二）水问题化解的策略、措施与关键科技的研究重点

1．基本策略研究

基本策略研究主要包括以下几个方面：

1）水环境监督管理体制研究。具体研究内容包括：排污许可制度、排污收费政策，水环境管理政策，水环境监测和影响评价，污染物总量控制策略，分类、分区治理策略，政绩考核策略，源头控制策略，融资与投资体制与机制，市场化与民营化策略，社会监管机制等。

2）农业面源污染监测、控制策略。具体包括：有机肥和生物农药推广策略，有害化学物质替代与削减策略，农田管理策略，科学灌溉策略，畜禽和水产养殖业污染控制策略，畜禽养殖废物资源化利用策略。重点流域和区域河道整治策略等。

3）中小城镇基础设施完善策略。尤其是污水集中处理设施完善等，目的是加强乡镇生活污水的有效处理，逐步完善下水道系统。

4）开发建设活动生态与环境监督策略。目的是防治结合，对各类资源开发建设活动进行生态环境监督，重点是防治植被破坏和水土流失。贯彻落实"谁开发，谁保护，谁破坏，谁恢复，谁受益，谁补偿"的方针，明确开发建设单位的生态保护责任，加强环评工作，并逐渐将城镇发展规划、产业政策等纳入环评范畴。

5）清洁生产策略。包括资源高效利用和达标排放策略，污染物排放控制策略等，例如，促进由单一的浓度和污染指标的控制转向污染总量控制和各项污染指标控制相结合。

6）临水区域环境保护策略。在内陆临水区域，实行退田还湖与河道整治等政策措施，倡导健康河流理念，推行流域水资源综合管理措施，降低洪水风险，保护环境与水生生态系统；在沿海区域加强堤防和防护林建设，保护滨海湿地，防治海咸水入侵。

7）重大洪水灾害形成、演化机理与特征等方面的基础研究及基于人水和谐的应对策略研究。

2．主要措施研究

主要措施研究包括：控制与治理污水排放及中水回用措施研究；植被保护与水土保持等生态建设措施研究；湿地生态保护与修复措施研究；景观规划与优化管理措施研究；城乡面源污染

控制措施研究；海水入侵控制研究；河口与近海陆源污染控制措施研究；海岸带水域环境与生态保护措施研究等。

3．关键科技研发

应加强如下方面研发：东南沿海地区环境污染机制和调控原理；近海与河口海岸带陆海相互作用；湖泊(水库)及近海水体富营养化机制与控制技术；重点流域水环境的演化规律与调控措施；海平面变化综合监测技术与平台；城乡水环境实时动态监测体系；水土流失综合监测与评估决策支持系统；滨海与海岛海水入侵的监测系统与防治措施；洪涝灾害监测、评估与应急决策支持系统。

参 考 文 献

白永平. 2004. 区域工业化与城市化的水资源保障研究. 北京: 科学出版社.

畅明琦, 刘俊萍. 2006. 论中国水资源安全的形势. 生产力研究, (8): 5-7.

陈江南, 王云璋, 徐建华. 2004. 黄土高原水土保持对水资源和泥沙影响评价方法研究. 郑州: 黄河水利出版社.

陈利群, 刘昌明, 袁飞. 2006. 大尺度资料稀缺地区水文模拟可行性研究. 资源科学, (1): 87-92.

陈美章, 刘志强, 郑天伦. 2002. 中国水价水权及水市场研讨论文集. 南京: 河海大学出版社.

陈庆伟, 刘昌明, 郝芳华. 2007. 水利规划环境影响评价指标体系研究. 水利水电技术, (4): 8-11.

陈宜瑜. 2001. 中国西部与农业相关的水问题. 北京: 中国林业出版社.

陈宜瑜等. 2007. 中国流域综合管理战略研究. 北京: 科学出版社.

陈志恺, 王维第, 刘国纬. 2004. 水文与水资源分册——中国水利百科全书. 北京: 中国水利水电出版社.

成自勇, 张芮, 魏巍. 2007. 中国水资源存在的问题及对策. 水利经济, 25(1): 66-71.

程根伟, 余新晓, 赵玉涛. 2004. 山地森林生态系统水文循环与数学模拟. 北京: 科学出版社.

戴向前, 刘昌明, 李丽娟. 2007. 我国农村饮水安全问题探讨与对策. 地理学报, (9): 907-916.

董官臣等. 2007. 气象水文耦合暴雨洪水预警技术研究. 北京: 气象出版社.

董文虎. 1995. 商品水的市场要素及市场模式. 中国水利, (3): 33-35.

方创琳, 鲍超. 2007. 城市化过程与生态环境效应. 北京: 科学出版社.

房晨月. 2007. 中国水资源开发利用现状与对策. 黑龙江科技信息, (7): 102.

冯筠译, 高峰校. 2006. 认识全球生态系统, 支持科学决策——NOAA 20年科学研究远景//郭亚曦, 巢清尘, 张志强等. NOAA战略规划报告汇编.

郭日生等. 2007. 水资源安全保障技术发展战略研究. 北京: 海洋出版社.

国际科学院组织. 2005. 走向可持续的21世纪——科学与技术的贡献. 傅伯杰等译. 北京: 科学出版社.

国家发展改革委, 水利部, 建设部. 2007. 水利发展"十一五"规划. http://www.sdpc.gov.cn/zcfb/zcfbtz/2007tongzhi/W020070607490857858318.pdf.

国家环境保护总局. 2006. 国家环境保护"十一五"科技发展规划. http://www.sepa.gov.cn/image20010518/7384.pdf.

国家计委价格司和水利部经济调节司联合调研组. 2003. 百家大中型水管单位水价调研报告.

国家技术前瞻研究组. 2005. 中国技术前瞻报告(2004)——能源、资源环境和先进制造. 北京: 科学技术文献出版社.

国家统计局. 2007. 中国统计年鉴2007. 北京: 中国统计出版社.

国家自然科学基金委员会地球科学部. 2006. 地球科学"十一五"发展战略. 北京: 气象出版社.

郝芳华, 程红光, 杨胜天. 2006. 非点源污染模型——理论方法与应用. 北京: 中国环境科学出版社.

何祖健. 2006. 中国水资源污染成因及其防治. 闽江学院学报(社会科学版), 27(4): 58-62.

黄锡荃等. 1993. 水文学. 北京: 高等教育出版社.

James Westervelt. 2004. 流域管理的模拟建模. 程国栋, 李新, 王书功译. 流域管理的模拟建模. 郑州: 黄河水利出版社.

技术预见报告编委会. 2008. 2008技术预见报告. 北京: 科学出版社.

贾绍凤, 张士锋. 2000. 中国的用水何时达到顶峰. 水科学进展, 11(4): 470-477.

姜建军. 2007. 中国地下水污染现状与防治对策. 环境保护, (19): 16-17.

蒋金珠. 1992. 工程水文及水利计算. 北京: 中国水利水电出版社.

蒋卫国, 李京, 王琳. 2006. 全球1950-2004年重大洪水灾害综合分析. 北京师范大学学报(自然科学版), 42(5): 530-533.

景可, 王万忠, 郑粉莉. 2005. 中国土壤侵蚀与环境. 北京: 科学出版社.

雷川华, 吴运卿. 2007. 中国水资源现状、问题与对策研究. 节水灌溉, (4): 41-43.

李丽娟等. 2007. 近20年我国饮用水污染事故分析及防治对策. 地理学报, (9): 917-924.

李铁龙等. 2007. 中国沿海地面沉降与防治对策. http: //old.cgs.gov.cn/ NEWS/Geology%20 News/2007/20070307/57.pdf.

李砚阁. 2007. 地下水库建设研究. 北京: 中国环境科学出版社.

李玉文, 周玮. 2008. 浅谈城市水污染现状及防治对策. 科技创新导报, (9): 96.

李智广等. 2008. 我国水土流失状况与发展趋势研究. 中国水土保持科学, 6(1): 57-62.

李忠峰. 中国水污染事故频频发生污染责任人却鲜受惩处. http: //news.xinhuanet.com/ environment/2006-09/18/content_5104222.htm.

刘昌明. 1997. 土壤-植被-大气系统水分运行的界面过程研究. 地理学报, 52(4): 366-373.

刘昌明. 1994. 地理水文学的研究进展与21世纪展望. 地理学报, 49(S1): 601-608.

刘昌明. 2004. 黄河流域水循环演变若干问题的研究. 水科学进展, (9): 608-614.

刘昌明. 2006. "黄河流域水资源演化规律与可再生性维持机理"研究进展. 地球科学进展,(10): 991-998.

刘昌明. 2007. 建设节水型社会 缓解地下水危机. 水资源管理, (15): 10-13.

刘昌明. 2009. 水资源科学评价与合理利用若干问题的商榷. 中国水利,(5): 34-38.

刘昌明等. 2009. 分布式生态水文模型EcoHAT系统开发及应用. 中国科学-E缉, 英文版, 52(7): 1948-1957.

刘昌明, 成立. 2000. 黄河干流下游断流的径流序列分析. 地理学报, 55(2): 257-265.

刘昌明, 李云成. 2006. "绿水"与节水: 中国水资源内涵问题讨论. 科学对社会的影响, (2): 16-20.

刘昌明, 左建兵. 2009. 南水北调中线主要城市节水潜力分析与对策. 南水北调与水利科技, 17(1): 1-7.

刘昌明, 刘小莽, 郑红星. 2008. 气候变化对水文水资源影响问题的探讨. 科学对社会的影响, (2): 21-27.

刘昌明, 杨胜天, 孙睿. 2007. 基于RS/GIS技术的黄河流域水循环要素研究. 郑州: 黄河水利出版社.

刘昌明, 郑红星, 王中根. 2006. 流域水循环分布式模拟. 郑州: 黄河水利出版社.

刘建芬等. 2004. 中国洪水灾害危险程度空间分布研究. 河海大学学报(自然科学版), 32(4): 614-617.

刘敏等. 2009. 近50年中国蒸发皿蒸发量变化趋势及原因. 地理学报, (3): 259-269.

刘宁等. 2006. 水利科技发展战略研究报告. 北京: 中国水利水电出版社.

刘鹏, 刘昌明. 2007. 我国能源发展与水电开发问题研究. 科学对社会的影响, (2): 23-28.

刘卓, 刘昌明. 2006. 东北地区水资源利用与生态和环境问题分析. 自然资源学报, (5): 700-708.

柳长顺等. 2005. 流域生态用水与需水研究. 水利水电技术, (6): 17-21.

马毅妹等. 2004. 水环境健康及其管理. 中国给水排水, 20(1): 29-30.

孟志敏. 2000. 水权交易市场——水资源配置的手段, 中国水利, (12): 11-12.

木佳. 2007. 地下水超采面积达19万平方公里. http: //finance.people.com.cn/GB/6185272.html.

聂俊峰等. 2005. 中国北方农业旱灾的危害特点与减灾对策. 干旱地区农业研究, 23(6): 171-178.

P·麦卡利. 2005. 大坝经济学. 周红云等译. 北京: 中国发展出版社.

亓长东. 2007. 中国生态安全面临的严峻问题. 领导文萃. http: //kw.luckup.net/dywz/ShowArticle. asp?ArticleID=14757.

气候变化国家评估报告编写委员会. 2007. 气候变化国家评估报告. 北京: 科学出版社.

钱易等. 2002. 中国城市水资源可持续开发利用——中国可持续发展水资源战略研究报告集第5卷. 北京: 中国水利水电出版社.

邱林, 吕素冰. 2007. 中国水资源现状及发展趋向浅析. 黑龙江水利科技, (6): 94-95.

邱新法等. 2003. 黄河流域近40年蒸发皿蒸发量的气候变化特征. 自然资源学报, (7): 437-442.

曲建升, 张志强, 曾静静. 2008.气候变化科学国际发展态势分析 //中国科学院国家科学图书馆. 2007 学科领域国际发展态势分析.

阮本清, 魏传江. 2004. 首都圈水资源安全保障体系建设. 北京: 科学出版社.

沈大军. 2004. 水管理学概论. 北京: 科学出版社.

沈国舫, 王礼先. 2001. 中国生态环境建设与水资源保护利用——中国可持续发展水资源战略研究 报告集第7卷. 北京: 中国水利水电出版社.

石玉林, 卢良恕. 2001. 中国农业需水与节水高效农业建设——中国可持续发展水资源战略研究报告 集第4卷. 北京: 中国水利水电出版社.

史培军等. 2004. 土地利用/覆盖变化与生态安全响应机制研究. 北京: 科学出版社.

参考文献

水利部国际合作与科技司. 2006. 水利科技发展战略研究报告. 北京: 中国水利水电出版社.

宋玉芝等. 2008. 我国水环境污染及对人类健康的影响. 安徽农业科学, 36(27): 11974-11976.

苏征耀. 2007. 中国水资源形势及其应对策略. 水资源研究, 28(1): 11-14.

唐克丽. 2004. 中国水土保持. 北京: 科学出版社.

万庆等. 1999. 洪水灾害系统分析与评估. 北京: 科学出版社.

汪恕诚. 2000. 水权和水市场——谈实现水资源优化配置的经济手段. 中国水利, (11): 6-9.

汪恕诚. 2006. 解决中国水资源短缺问题的根本出路——汪恕诚部长答学习时报记者问. 中国农村水电及电气化, (8): 1-3.

王耕, 王利, 吴伟. 2007. 区域生态安全概念及评价体系的再认识. 生态学报, 27(4): 1627-1637.

王浩. 2007. 中国可持续发展总纲——中国水资源与可持续发展. 北京: 科学出版社.

王浩. 2000. 中国水问题: 现状、趋势与解决途径. http://www.thcscc.org/laogong/wh.htm.

王浩等. 2004. 水利建设边际成本与边际效益评价. 北京: 科学出版社.

王会肖, 王红瑞. 2006. 中国水环境水生态的若干问题及其对策. 科学对社会的影响, (1): 21-26.

王家祁. 2002. 中国暴雨. 北京: 中国水利水电出版社.

王金霞, 黄季焜, Scott Rozelle. 2004. 激励机制、农民参与和节水效应: 黄河流域灌区水管理制度改革的实证研究. 中国软科学, (11): 8-14.

王礼先. 2005. 水土保持学 //中国大百科全书－农业卷. 北京: 中国林业出版社.

王仕琴等. 2008. 华北平原浅层地下水水位动态变化. 地理学报, (5): 462-472.

王文圣, 丁晶, 李跃清. 2005. 水文小波分析. 北京: 化学工业出版社.

王西琴, 刘昌明, 张远. 2006. 基于二元水循环的河流生态需水水量与水质综合评价方法—— 以辽河流域为例. 地理学报, (11): 1132-1140.

王亚华. 2008. 水资源政策综合评估 //中国科学院可持续发展战略研究组. 2008中国可持续发展战略报告——政策回顾与展望. 北京: 科学出版社.

王毅. 2007. 中国的水问题、治理转型与体制创新. 中国水利, (22): 22-26, 30.

王毅. 2008. 流域性环境问题变化与转型期流域政策取向. 科技导报, 26(17): 19-23.

夏军等. 2005. 可持续水资源管理——理论·方法·应用. 北京: 化学工业出版社.

夏军等. 2008. 中国水资源问题与对策建议. 战略与决策研究, 23(2): 116-121.

谢英. 1996. 中国水问题的现状与思考. 甘肃科技, 12(6): 57-59.

徐建华, 吴发启. 2005. 黄土高原产流产沙机制及水土保持措施对水资源和泥沙影响的机理研究. 郑州: 黄河水利出版社.

杨桂山, 翁立达, 李利锋. 2007. 长江保护与发展报告(2007). 武汉: 长江出版社.

杨桂山等. 2004. 流域综合管理导论. 北京: 科学出版社.

叶守泽. 1992. 水文水利计算. 北京: 中国水利水电出版社.

叶裕民. 2007. 中国可持续发展总纲——中国城市化与可持续发展. 北京: 科学出版社.

尹泽生. 1992. 莱州市滨海区域海水入侵研究. 北京: 海洋出版社.

英国自然环境研究委员会(NERC)生态与水文研究中心(CEH). 适应我们变化世界的集成科学: 2008—2013年科学战略(Integrated Science for Our Changing World: Science Strategy 2008-2013). http://www.ceh.ac.uk/science/documents/CEH_SCIENCESTRATEGY_2008-2013_FINAL_A4S.PDF.

于琪洋. 2003. 对我国干旱及旱灾问题的思考. 中国水利A, (4): 67-69.

袁志彬. 2007. 中国水污染的转型特征与政策建议. 中国环境生态网. http://eedu.org.cn/ Article/es/ envir/ptheory/water/200708/15158.html.

曾燕等. 2007. 1960—2000年中国蒸发皿蒸发量的气候变化特征. 水科学进展, (3): 311-318.

詹道江, 叶守泽. 2000. 工程水文学. 北京: 中国水利水电出版社.

张春玲, 阮本清, 杨小柳. 2006. 水资源恢复的补偿理论与机制. 郑州: 黄河水利出版社.

张广军, 赵晓光. 2005. 水土流失及荒漠化监测与评价. 北京: 中国水利水电出版社.

张建云等. 2008. 近50年我国主要江河径流变化. 中国水利, (2): 31-34.

张凯. 2007. 水资源循环经济理论与技术. 北京: 科学出版社.

张锐. 2007. 中国水污染的沉重报告. 中外企业文化, (9): 12-15.

张志. 2007. 中国水资源利用现状分析. 现代农业, (3): 63–65.

张宗祜. 2006. 中国地下水的现状与未来报告. http: //www.chinacitywater.org/hyfx/scdy/3825.shtml.

赵小敏, 陈文波. 2006. 土地利用变化及其生态环境效应研究. 北京: 地质出版社.

中国城市供水协会. 2005. 城市供水行业2010年技术进步发展规划及2020年远景目标. 北京: 中国建筑工业出版社.

中国地理学会水文专业委员会. 2004. 水文水资源与区域可持续发展. 第八次全国水文学术会议论文集.

中国国家海洋局. 2008. 2007年中国海平面公报. http: //www.soa.gov.cn/hyjww/hygb/zghpmgb/2008/01/1200912279807713.htm.

中国荒漠化(土地退化)防治研究课题组. 1998. 中国荒漠化(土地退化)防治研究. 北京: 中国环境科学出版社.

中国科学院可持续发展战略研究组. 2007. 中国可持续发展战略报告——水: 治理与创新. 北京: 科学出版社.

中国生态补偿机制与政策研究课题组. 2007. 中国生态补偿机制与政策研究. 北京: 科学出版社.

中国未来20年技术预见研究组. 2006. 中国未来20年技术预见. 北京: 科学出版社.

中华人民共和国国土资源部. 2008. 全国地质灾害防治"十一五"规划. http: //www.mlr.gov.cn/zwgk/ghjh/200711/t20071106_90467.htm.

中华人民共和国国务院. 2006. 国家中长期科学和技术发展规划纲要(2006—2020年). http://www.gov.cn/jrzg/2006-02/09/content_183787.htm.

中华人民共和国环境保护部. 2002. 中国环境状况公报2001.

中华人民共和国科学技术部社会发展科技司, 中国21世纪议程管理中心. 2007. 水资源安全保障技术发展战略研究. 北京: 海洋出版社.

朱党生, 王超, 程晓冰. 2001. 水资源保护规划理论及技术. 北京: 中国水利水电出版社.

朱党生等. 2008. 中国城市饮用水安全保障方略. 北京: 科学出版社.

邹长新, 沈渭寿. 2003. 生态安全研究进展. 农村生态环境, 19(1): 56–59.

左大康等. 1985. 华北平原水量平衡与南水北调研究文集. 北京: 科学出版社.

左其亭, 陈曦. 2003. 面向可持续发展的水资源规划与管理. 北京: 中国水利水电出版社.

BARTON GROUP. 2005. Australian Water Industry Roadmap—A Strategic blueprint for sustainable water industry development. http://www.bartongroup.org.au/AWIR_FINALV10.pdf.

Geological Society of America (GSA). 2006. Managing Drought: A Roadmap for Change in the United States. http://www.geosociety.org/meetings/06drought/roadmap.pdf.

IPCC WG I. 2007. Climate Change 2007: The Physical Science Basis: Summary for policymakers. http://www.ipcc.ch/SPM2feb07.pdf.

IPCC. 2007. IPCC Fourth Assessment Report. Cambridge: Cambridge University Press.

Juan Cruz Monticelli (Office for Sustainable Development and Environment Organization of American States) . 2005. Roadmap to Water Management Synergy in the Americas. http://www.oas.org/dsd/Documents/Draft_water_convergence.pdf.

Kaser G, Ostmaston H. 2002. Tropical Glaciers. Cambridge: Cambridge University Press.

Liu C M, Zheng H X. 2002. Hydrological cycle changes in China's large river basin: the Yellow River drained dry, In: Martin Beniston. Climatic Change: Implications for the Hydrological Cycle and For Water Management. Kluwer Academic Publishers.

Liu Wei, Qiu Ringling. 2007. Water eutrophication in China and the combating strategies. Journal of Chemical Technology and Biotechnology, 82: 781–786.

Novotny V. 2003. Water Quality: Diffuse Pollution and Watershed Management. Hoboken, New Jersey: J.Wiley & Sons.

The Global Earth Observation System of Systems (GEOSS). 10-Year Implementation Plan. http://www.epa.gov/geoss.

U.S. Department of the Interior, Bureau of Reclamation, Sandia National Laboratories. 2003. Desalination and Water Purification Technology Roadmap—A Report of the Executive Committee.

http://wrri.nmsu.edu/tbndrc/roadmapreport.pdf.

UN Department of Economic and Social Affairs. 2004. World Urbanization Prospects: The 2003 Revision. New York: United Nations.

Wang Jinxia et al. 2006. Incentives to managers and participation of farmers: which matters for water management reform in China? Agricultural Economics, 34: 315-330.

Wang Yi. 2006. China's environment and development issues in transition. Social Research, 73(1): 277-291.

Wang Yi et al. 2007. Taking Stock of Integrated River Basin Management in China. Beijing: Science Press.

Water Sector Coordinating Council Cyber Security Working Group(WSCC). 2008. Roadmap to Secure Control Systems in the Water Sector. http://www.awwa.org/files/GovtPublicAffairs/PDF/WaterSecurityRoadmap031908.pdf.

后　　记

　　开展"中国至2050年水资源领域科技发展路线图研究"是一项极富挑战性而同时又令人充满激情的工作。在本课题的研究过程中,项目组专家查阅和梳理了大量国内、外水资源开发、利用与保护以及相关领域科技发展的文献和资料,并通过召开研讨会和专家咨询,掌握了大量有价值的信息,洞察了水资源领域以及相关领域科技发展的国内外现状、动态和趋势,尤其是从全球视角重新审视了中国的水资源问题以及未来时期不同阶段中国水资源问题的发展趋势,并立足国家经济社会发展的现实和需求,从水资源领域科技发展的基本特征和客观规律出发,明确了中国至2050年水资源领域科技发展的战略需求、发展目标以及主要的科技问题与关键技术等。

　　由于研究时间有限,而所研究的问题却又异常复杂,因而,仍有很多问题存在着不确定性,一些问题在分析过程中也还不够透彻,需要今后开展更为深入的研究。例如,①气候变化对水问题的影响非常深远,本报告仅仅是概括性地对其进行了论述,而对于诸如气候变化对全球及区域水循环的影响,持续升温趋势及其后果等比较具体的问题,本报告尚未给予比较翔实的分析和总结;②人类活动对水问题的影响广泛、深刻而具体,但本报告难以面面俱到,对诸如大型水库、水电站建设的影响作用等问题一带而过,未能给予较多的分析和论述;③对水生态问题的分析和研究,包括水生生态系统及生物多样性等问题的论述较为初步,但有专家指出,水问题的核心之一是水生生态系统的"健康",其标志之一就是其生物多样性的完整性,保护生物多样性就是保护水生生态系统的"健康",也就是保护水生生态系统的服务功能,而水生生态系统的服务功能则是解决所有水问题至关重要的因素之一。上述问题都需要在今后的研究中予以加强。

　　需要指出的是,水问题的内涵非常深刻,外延也极为宽泛,有些具体的问题属于当前学术界广泛争议的焦点,本报告作为对中国至2050年水资源领域科技发展的展望,不可避免地需要分析和讨论一些具有争议性的问题,所表达的观点可能会有失偏颇或缺乏系统性,所提出的科技问题或者关键技术也有可能会在今后实践中被证明为并不重要甚至是错误的。对于这种可能,本报告唯愿作为一种学术探索,希望能够起到抛砖引玉的作用,并促进对相关问题的讨论。例如,对于有关"路线图"(Roadmap)方法的应用,从供水管理转向需水管理转变,如何正确评价节水技术进步、水价政策、市场机制以及节水意识增强等因素的作用和贡献等,这些问题都还是学术界普遍争议的焦点,一时难有定论,或者不可能会有定论,而这恰恰也都是值得我们更进一步探讨的问题。

　　值得庆幸的是,课题组将在本报告的基础上继续围绕水资源领域的问题开展深入研究,并希望同有关研究机构和专家合作,共同为解决中国的水问题、实现社会经济的可持续发展作出应有的贡献。